女声 VOICES OF US

[法]莫娜·肖莱（Mona Chollet）/ 著

崔月玲 / 译

上海社会科学院出版社
SHANGHAI ACADEMY OF SOCIAL SCIENCES PRESS

『女巫』

SORCIÈRES.

La puissance invaincue des femmes

不可战胜的女性

致 谢

感谢纪尧姆·巴鲁(Gauillaume Barou)、阿克拉姆·贝尔卡伊(Akram Belkaïd)、奥托·布鲁恩(Otto Bruun)、伊莉娜·科塞利(Irina Cotseli)、托马·戴尔东波(Thomas Deltombe)、埃利奥诺拉·法雷蒂(Eleonora Faletti)、塞巴斯蒂安·丰特奈尔(Sébastien Fontenelle)、阿兰·格雷仕(Alain Gresh)、玛德梅格(Madmeg)、艾玛纽埃尔·莫博迪(Emmanuel Maupetit)、达利娅·米歇尔·斯科蒂(Daria Michel Scotti)、乔伊斯·A. 纳沙瓦提(Joyce A. Nashawati)、杰内薇弗·赛里叶(Geneviève Sellier)、马伊蒂·西蒙西尼(Maïté Simoncini)、希尔薇·提索(Sylvie Tissot)、蕾莉亚·韦龙(Laélia Véron)。感谢他们给予我的阅后意见,包括关于分章删节的建议,还有讨论与鼓励。当然,本书为我一人所著,并未涉及他人。

感谢塞尔日·艾里米(Serge Halimi)。感谢他给了我一个公休假期来完成这本书。

非常感谢卡西亚·贝尔杰(Katia Berger)、多米尼克·布朗切(Dominique Brancher)、弗雷德里克·勒·冯(Frédéric Le Van),感谢他们的辛勤审阅与中肯建议。

感谢我的编辑格雷古瓦·沙马尤(Grégoire Chamayou)。

特别感谢托马斯·勒马尤(Thomas Lemahieu)。

无须加入 WITCH[①]。
如果您是女性
并敢于自我观照，
那您就是女巫。

——WITCH 宣言

纽约，1968

---

① WITCH 全称为 Women's International Terrorist Conspiracy from Hell，大意为"来自地狱的国际女性恐怖主义阴谋"，是美国女作家罗宾·摩根（Robin Morgan）于 1968 年成立的激进女性团体。她还创立了目前女权运动中常引用的一个标识，就是在代表女性的金星符号（即上为圆下为十字）的圆圈内加了一只攥紧的拳头。——译者注

目 录
Contents

导　论
女巫继承者

　　说起女巫,人们一定会想到华特·迪士尼公司出品的《白雪公主》里的那一位:黑色风帽下是一头泛白的亚麻色头发,鹰钩鼻上长着一颗肉疣;咧嘴笑时,滑稽地露出一颗仅存的下门牙;邪气的眼睛上方缀着一对密匝匝的眉毛,愈发衬得表情不怀好意。但对我童年影响最深的并不是她,而是回暖日的蓬蓬婆婆(Floppy le Redoux)。

　　蓬蓬婆婆出现在《被偷小孩的城堡》里。这是瑞典童话女作家玛利亚·格瑞普(1923—2007)①写的一本童书。故事发生在某块幻想出来的北欧地区。蓬蓬婆婆生活在一座小山顶的房子里。房子顶上罩着一棵老苹果树,老远就能瞧见这棵老树在天边的剪影。这地方宁静又美丽,但邻村的人都尽量避免踏足此地,只因为这里之前立过一座绞刑架。到了晚上,人们能看到在那栋房子的窗户上有一道微光。那是这位老妇人在纺布。她一边纺着布,一边和她的乌鸦索隆(Solon)聊天。索隆是只独眼乌鸦。它往智慧井(Le puits-de-la-Sagesse)里探了一下身子,就丢了一只眼睛。最打动我的并不是这位女巫的魔法,而是她散发出来的气韵:静谧、玄秘,又

---

①　玛利亚·格瑞普(Maria Gripe),《被偷小孩的城堡》(*Le Château des enfants volés*),由 Börel Bjuströme 译自瑞典语版,Le Livre de poche Jeunesse,巴黎,1981 年。

洞悉一切。

她的行头让我着迷："她出门时，总是裹着一件宽宽大大的深蓝色斗篷。斗篷的大领子迎着风，围着她的头，发出蓬蓬的响声。"蓬蓬婆婆这个绰号由此得来。"她也会戴一款奇特的帽子。高高的帽顶是紫色的，上面装饰着几只蝴蝶。从帽顶上垂下几朵花，散布在软软的帽沿上。"人们在路上碰见她，都震慑于她那双蓝眼睛里的光芒。"那双眼睛不时变换着光彩，着实有种魔力。"或许就是受了回暖日的蓬蓬婆婆的形象影响，后来当我接触时尚时，我蛮欣赏山本耀司那些带着压迫感的作品。他的衣服是宽宽大大的，帽子也大到没边儿，像是布料堆起来的避难所。这种审美与主流背道而驰。在主流审美中，女孩们应裸露尽可能多的肌肤，解锁尽可能多的穿衣方式。[①] 在我的记忆中，蓬蓬婆婆像是一个护身符、一道仁慈的阴影，给我留下了女人可以何等大气的最初印象。

我也爱她的隐居生活，还有她与社群的关系：既疏离又暗自关联。婆婆的房子所在的那座小山，仿佛保护着那个村子，"就像把它拢入羽翼之下"，作者玛利亚·格瑞普如是说。女巫是这么织着超凡的毯子的："她坐在纺织机前，一边沉思一边劳作。她的思绪围绕着村民们与他们的生活。直到有天早上，她发现，她预见了他们要发生的事情。她凑近织匹，从她指下自然流淌出来的花纹中读出了他们的未来。"当她难得又短暂地出现在村里的街道上时，路人就看到了希望。之所以叫她"回暖日"——这也是个绰号，因为没人知道她的真名——就是因为她从不出现在冬天。当她再出

---

① 参见莫娜·肖莱，《致命的美丽：女性异化之新面貌》(*Beauté fatale. Les nouveaux visages d'une aliénation féminine* [2012]), La Découverte, "La Découverte Poche/Essais"，巴黎，2015 年。

现时,就预示着春天快要到来了,即使她出现那天的气温是零下30度。

　　不管是《亨塞尔与格莱特》(*Hansel et Gretel*)里的糖果屋女巫还是慕夫塔街(rue Mouffetard)的女巫,抑或是俄国童话里住在鸡脚小木屋里的芭芭雅嘎(Babayaga)女巫,这些让人不省心的女巫们带给我的感受永远是兴奋大过排斥。她们激发着你的想象力,带来一阵醉人的战栗,带着你去冒险,奔向另一个世界。小学下课时,我和我的同学们都在学那个居住在院子灌木丛后头的女巫,借此来重拾在冷漠的教育体制下日渐麻木的自我。危险感助长了雄心壮志。你会突然觉得一切皆有可能,人畜无害的标致与清风拂面的和善并不是唯一可想象到的女性命运。少了这份晕眩感,童年就少了点儿滋味。因为蓬蓬婆婆的存在,女巫之于我绝对是一个积极的形象。她掷地有声,惩治恶人;她让你感受到报复那些曾经看低你的人所带来的畅快淋漓。有点儿像鬼马小精灵(Fantômette),但婆婆是用她的精神力量,而非穿着体操紧身衣的小精灵所使用的体操技巧:因为我讨厌运动,所以女巫那一套甚合我意。透过她,我曾经想过,作为女性,或许还有另一股力量加持。但那时候也有一个模糊的声音提示我:或许正好相反。从那以后,无论在哪个角落看到"女巫"这个词,我总能被瞬间吸引住,仿佛它宣示了"我"体内一股潜在的力量。这两个字眼咕嘟咕嘟地冒着能量的泡泡。它让人想到某种接地气的学识,与生命直接相关的力量,某种被正统学问蔑视或排斥但却在现实中被反复证明并积累起来的经验。我也喜欢将其视为某种艺术,让人穷其一生精益求精、倾注所有热忱的艺术。女巫代表着跨越所有支配、所有限制的女性;她趋近至柔,她指明道路。

"今人之牺牲品，非古人之牺牲品"

　　我曾经花了好长一段时间才意识到，在我所接触到的文化产品中，关于女巫超能力的描写包含着过分渲染的奇技淫巧以及有关人物形象怪异的误解。要知道，"女巫"这个词在成为想象催化剂或荣誉称号之前，曾是最糟的耻辱符号，是莫须有的罪名，曾为数以万计的女性带来酷刑与死亡。猎巫运动这段发生在欧洲16—17世纪的历史在集体意识中占据了奇特的一角。关于巫术的判词都集中在某些怪诞的诬告上：比如夜间飞行去参加巫魔夜会①，再比如与魔鬼合谋或与魔鬼通奸。这些罪状仿佛把她们拉入了非现实的领域，将她们剥离了真实的历史。我们今天所看到的第一个骑着扫帚的女人的形象，来自马丁·勒·弗朗（Martin Le Franc）的《女性冠军》（*Le Champion des dames*）（1441—1442）的手稿空白处，其姿态轻佻且滑稽。她像是从蒂姆·波顿的电影里跳出来的，或是从《神仙俏女巫》（*Ma sorcière bien-aimée*）的片头里，又或是从万圣节某个装饰物里蹦出来的剪影。但当时，她在1440年前后的出现揭开了几世纪痛苦的序幕。当史学家吉·贝奇特（Guy Bechtel）说到巫魔夜会这一形式的诞生时，曾写道："这首磅礴的意识形态之诗杀伐无数。"②至于性折磨，其真相想必都消解于女巫在人心中激起的淫邪之相与骚动不

---

① 巫魔夜会（sabbat），中世纪传说中巫师、巫婆在魔鬼主持下举办的集会。——译者注
② 吉·贝奇特（Guy Bechtel），《女巫与西方：巫术在欧洲的毁灭，几次重大火刑之缘起》（*La Sorcière et l'Occident. La destruction de la sorcellerie en Europe, des origines aux grands bûchers*），Plon，巴黎，1997年。

安里了。

2016 年，布鲁日的圣-让博物馆(Musée Saint-Jean de Bruges)举办了一场主题为"勃鲁盖尔①的女巫"的展览。勃鲁盖尔这位佛兰德斯大师是第一位围绕女巫这一主题进行创作的画家。展览中的一块壁板上罗列着几十位本市女性的名字，她们被认定为女巫，在公共广场上被火刑烧死了。"布鲁日的许多居民至今还沿用着这些女性的姓氏。但在参观这场展览之前，他们并不知道，自己的先人曾经被指控行巫。"馆长如是说。② 说这话时，他面带微笑，仿佛祖上有个倒霉鬼因为旁人几句妄语就一命呜呼是件无伤大雅、可以随意和朋友聊起的轶事。我不禁想问：还有哪一项大众之罪，即便是久远到如今已不复存在，却能让人这般云淡风轻、嘴角噙笑地谈起？

猎巫运动曾让数个家族满门被屠，制造了恐怖统治，无情地压制了某些至今仍被视为无法忍受的异端的行为与活动。同时，这一运动也参与塑造了我们所在的这个世界。如果猎杀女巫不曾发生，我们所生活的社会将大不相同。这段历史告诉了我们许多事情，关于人们做出的抉择、享有特权的方式以及那些被处决的女人。然而，我们拒绝直面这段历史。即使我们接受了当时的某些现实，但我们总能找到法子将这场运动远远搁置起来。因此，人们常常将其错放到中世纪时期，把发生的背景描述成一个久远晦暗的时期，与我们毫无关系。但其实几场重大的猎巫行动都发生在文艺复兴时期，大致始于 1440 年，1560 年后渐渐扩大声势。甚至到了 18 世纪末仍发生了

---

① 彼得·勃鲁盖尔(Pierre Bruegel，约 1525—1569)，16 世纪尼德兰地区最伟大的画家之一。——译者注

② 《勃鲁盖尔女巫之后尘》(Dans le sillage des sorcières de Bruegel)，*Arte Journal*，Arte，2016 年 4 月 8 日。

几次处决女巫事件，包括对安娜·果尔迪（Anna Göldi）的处决，她于1782年在瑞士的格拉鲁斯被斩首。吉·贝奇特曾这样评价这位女巫："她是今人之牺牲品，非古人之牺牲品。"①

与错置时间线类似的是，人们还经常将这些迫害归咎为宗教狂热，认为其执行者是丧心病狂的宗教裁判官。然而，旨在镇压异端的宗教裁判所（Inquisition）却极少追捕女巫。绝大部分的处刑都是由非宗教法庭裁决的。对于巫术，这些世俗法官看起来"比罗马教廷还要残暴与癫狂"②。不过，在一个除了正统的宗教信仰之外不允许"边缘"存在的世界里，裁决法庭的世俗与否，意义也不大。即使有几个声音蹿出来反对此类迫害——比如1563年有位叫让·维埃（Jean Wier）的医生，发出了"满池皆是无辜血"的呐喊——也再没有人质疑魔鬼是否存在。至于新教徒们，即使他们看上去理性得多，但在追捕女巫这件事上却与天主教徒有着同样的狂热。宗教改革所倡导的回归对《圣经》的字面解读并没有唤醒宽容，结果是适得其反。在加尔文时期的日内瓦，有35名"女巫"被处决，就因为《出埃及记》里有这么一句："行邪术的女人，不可让她存活。"③当时宗教大环境的排除异己以及宗教战争的嗜血屠杀——1572年，在巴黎的圣巴托洛缪，有三千名新教徒被杀——喂大了两大阵营的残忍胃口。

说句实在话，正因为猎杀女巫这段历史讲述的是我们这个世界，我们才更有理由不去直视它。如果踏入这一雷池，就意味着我们要直面人性中最绝望的一面：首先，它揭示了社群的顽固不化：隔一段时间就要为自己的不幸揪出一只替罪羊，自我封闭在非理性的漩

---

① 吉·贝奇特，《女巫与西方》。
② 吉·贝奇特，《女巫与西方》。
③ 出自《出埃及记》22：18（引自和合本《圣经》）。——译者注

涡中,不接受任何理智的辩驳,直到民怨四起,怒不可遏,最终诉诸肢体冲突,还可以顺理成章地认为是社群机构出手进行正当防卫。另外,它也揭露了人的某种能耐。这种能耐用弗朗索瓦丝·德·欧本纳的话说,是"用疯子的理论来大开杀戒"①。将定性为女巫的女性妖魔化与反犹主义也有许多共通之处。女巫的集会被说成"巫魔夜会"或是"犹太式聚会"(synagogue);她们和犹太人一样被扣上疑似密谋毁灭基督教的帽子;另外,她们的形象和犹太人一样,都被赋予了同款鹰钩鼻。1618 年,在科尔马(Colmar)镇旁的一次女巫处决中,百无聊赖的书记员在笔录旁的空白处画上了被告女巫的形象:她的头饰被画成了传统犹太式的,"戴着大耳坠,满头的六芒星饰物"②。

通常情况下,替罪羊的指定,远不是一群粗鄙贱民可以操控的,而是来自高层,来自有教养、有文化的阶层。女巫传说的诞生几乎与印刷同时,后者诞生于 1454 年。印刷术也在猎杀女巫的进程中起到了重大作用。贝奇特在书中提到了"当时用到了所有信息渠道"的"传媒联动":"给识字的人发书,给其他人讲道,给所有人发大量的图画。"两位宗教裁判官[阿尔萨斯的亨利·因斯托里斯(l'Alsacien Henri Instoris,德语名为 Heinrich Krämer)与巴塞尔的雅各布·施普伦格(le Bâlois Jakob Sprenger)]于 1487 年推出的大作《女巫之锤》(*Le Marteau des Sorcières*)在发行量上可媲美阿道夫·希特勒

---

① 弗朗索瓦丝·德欧本纳(Françoise D'Eaubonne),《女巫的性别灭绝》(*Le Sexocide des sorcières*),l'Esprit Frappeur,巴黎,1999 年。[弗朗索瓦丝·德欧本纳(1920—2005),法国作家、女性主义者。——译者注]

② 吉·贝奇特,《女巫与西方》。在其他情况下,我们会看到反犹主义和纯粹的厌女症之间存在某种映射:比如在德国,有些流言声称犹太男人——由于他们受过割礼,所以——每月都要流血……[参见安娜·L. 巴斯托(Anne L. Barstow),《女巫狂潮:欧洲追捕女巫的新历史》(*Witchcraze. A New History of the European Witch Hunts*),HarperCollins,纽约,1994 年]。

的自传《我的奋斗》。这本书再版了 15 次，共发行了 3 万多册，流通于全欧洲各大阶层："在那个烈火熊熊的时代，在每次审判中，法官都要用到这本册子①。他们会问出《女巫之锤》里的问题，也将听到《女巫之锤》里给出的答案。"②以上史实完全打破了我们对印刷术最初运用的理想化预设……《女巫之锤》锤实了"危难在即，须用非常手段"的念头，让大众陷入集体幻觉中。它的成功催生了一种名为魔鬼学的行当，其驱魔除邪的题材倒成了图书业的一个金矿。那群写出魔鬼学"著作"的人——其中包括法国哲学家让·博丹（Jean Bodin，1530—1596）——在其文字间表现得像一群愤怒的疯子，但其实他们都是些博学且声望甚高的人。对此，贝奇特嗟叹道："对比他们在其魔鬼学行文中表现出来的盲从与粗暴，这是多么大的反差啊。"

有女过界者，斩其首

读过以上叙述，各位读者恐怕已经冷汗涔涔，女读者可能更甚。虽说也有男巫因巫术定罪被处决，但迫害的核心思想仍为厌女情绪。"男巫只是小事"，这是《女巫之锤》里的保证。《女巫之锤》的作者们认为，如果没有女人的"坏心眼"，"甚至不用提及女巫之事，世间就将免除无数苦难"。他们认为，女人们在肉体上与精神上都很脆弱，会因淫欲不满而躁动，极易成为魔鬼的猎物。在宗教审判中，女性在被

---

① 《女巫之锤》详细列举了很多种识别女巫的方法。但不管受审者有何反应与表现，都会归结为"她是女巫"这一最终结论。——译者注
② 吉·贝奇特，《女巫与西方》。

告人中所占的平均比例为 80％,在被处决者中所占的平均比例为
85％。① 面对审判机构,她们的处境也更加不利:在法国,男性在被
告人中仅占 20％,但最高法院的诉讼中有半数是他们发起的。从前
的法院是不接受女性证词的,所以欧洲女性只有被指控施行巫术时
才具备法律意义上的完全国民的身份。② 1587—1593 年有一场猎杀
女巫的运动,发生在德国特里尔(Trèves)——此地为该运动的起源
地与中心——附近的 22 个村庄,甚至波及瑞士。这场运动来势汹
汹,其中两个村庄中的女性最终只幸存一人。共有 368 名女性被烧
死。有些家庭甚至遭受了全族女性被诛。例如玛格莱娜·德纳
(Magdelaine Denas),她于 1670 年以 77 岁高龄被烧死在康布莱芝
(Cambrésis)。关于她的罪名并不是十分清楚,但她的姨妈、母亲与
女儿都被处决了,因为当时的人们认为巫术可遗传。③

　　在很长一段时间内,关于行巫的脏水都没有泼到上流阶层的身
上。然而,一旦波及他们,审讯很快就会平息。那时候,与某些贵族
子弟对着干的政敌会诬告那些贵族的女儿或妻子是女巫,因为这比
直接针对贵族本人更容易。但大多数被控行巫的人都是普通的平
民。经手她们命运的机构内全都是男性:审讯者、教士或牧师、施刑
者、警卫、法官、行刑者。可以想见她们的惊恐与悲苦,更何况通常情
况下,她们是独自面对考验。她们家族里的男性就算不加入控告者
的行列,也很少为她们辩护。对于某些人来说,这种克制来源于害
怕,因为大多数男性会因为他们和"女巫"沾亲带故而被指控。还有
些人利用这种人人自危的大环境"来甩掉碍事的妻子或情人,或者阻

---

① 安娜·L. 巴斯托,《女巫狂潮》。
② 安娜·L. 巴斯托,《女巫狂潮》。
③ 吉·贝奇特,《女巫与西方》。

止他们引诱或强奸过的女性反过来报复他们"，西尔维娅·费德里希
（Silvia Federici）如是说。在她看来，"那几年的恐怖与宣传在男性心
灵深处种下了异化女性的毒草"①。

有些被告的女性既是女巫师也是疗愈师；这种身份的杂糅在如
今的我们看来有点儿迷惑，但在当时却再自然不过了。她们施展魔
法，也解除魔法；她们提供媚药与药水，同时也医治病人与伤患，还帮
妇女接生。她们曾是民众唯一可以够得到的求助对象，也曾是社群
内备受尊敬的成员，直到后来，她们的行动与魔鬼勾当画上了等号。
更宽泛地说，只要是个女的，稍微有点儿过界之举，都会招致讨伐的
教鞭。和邻居搭话了，高声嚷嚷了，太有个性了，对性不拘小节了，不
管怎么说总之就是有点儿碍眼，这些都会让她们陷入险境。用一个
任何时代的女性都不陌生的逻辑来说，任何举动以及它的相反面都
会为她们惹来非议：经常缺席弥撒值得怀疑，但从不缺席同样值得
怀疑；定期与闺蜜聚会值得怀疑，离群索居也值得怀疑②……"水池考
验"（épreuve du bain）就是个证明。女人被扔到水里：如果她沉了，
她就是无罪的；如果她浮起来，她就是个女巫，要被处决。我们还能
找到很多因"拒绝布施"而造成的反应机制：遇到女乞丐伸手乞讨却
无视的有钱人后来生病了或是碰到点儿倒霉事，就急赤白脸地诬告
之前的女乞丐对他下了黑手，将负罪感暗搓搓地转嫁到女乞丐身上。
在其他情况下，我们也能碰到这样的"替罪羊"逻辑："海上有几艘船
碰上了麻烦？于是，蒂娜·罗贝尔（Digna Robert）在比利时被抓捕，

---

① 西尔维娅·费德里希（Silvia Federici），《卡利班与女巫：女性、身体与原始积累》
（*Caliban et la sorcière. Femmes, corps et accumulation primitive* [2004]），由
Senonevero 出版社集体译自英文版（美国），Entremonde/Senonevero，日内瓦/马赛，
2014 年。

② 吉·贝奇特，《女巫与西方》。

烧死，曝尸于车轮上(1565)；波尔多附近有个磨坊坏了？有人说，那个'捣蛋鬼'让娜·诺尔(Jeanne Noals)给磨坊风车钉上了木栓(1619)。"①没人在乎这些女人是否真的具备那样的破坏力。那些市民只相信她们体内蕴藏着深不见底的杀伤力。在莎士比亚的《暴风雨》(*La Tempête*，1611)中，一个叫卡利班的奴隶说他的母亲"曾是一名强大的女巫"。对此，译者弗朗索瓦·基佐(François Guizot)在其1864年的译本中特意提到："在英国所有关于行巫的旧控词中，总是能看到'强大'（英文为'strong'，法文为阴性形式'forte'或'puissante'）这个形容词与'女巫'这个词联系在一起，就好像这是专属于她且起强调语气的限定条件。虽然民意反对，但法院还是判定'强大'一词对指控没有任何作用。"

　　生为女儿身，已构成足够的犯罪嫌疑。被抓捕后，她们被扒去衣物，剃光毛发，送到某位"扎针人"(piqueur)处。他会在她们身上仔细搜寻魔鬼的印记，包括身体的表面与内部，其手段就是在她们的身上扎针。不管是什么样的斑点、疤痕或肌肤不平整之处，都能作为女巫的凭证。这样我们也就能理解为何大量老龄妇女被误判了。所谓的魔鬼印记据说是不怕疼痛的。但很多女囚犯都是震撼于对其尊严的冒犯——并且是如此骤然的冒犯——才当场晕厥，对针扎毫无反应的。在苏格兰，扎针人甚至穿行于城乡之间，主动提议要揭露藏匿于居民之中的女巫。1649年，英国泰恩河畔的纽卡斯尔市(Newcastle-upon-Tyne)还雇用了这样一位扎针人，并向他承诺，每抓到一个女巫，就赏20先令。30位女性被带到市政厅，被扒去衣物。她们中的大多数——真是奇了——都被宣称有罪。②

---

① 吉·贝奇特，《女巫与西方》。
② 安娜·L. 巴斯托，《女巫狂潮》。

　　"每当看审判日志时，我就更加意识到不该对人性中的残忍抱有任何奢望。"安娜·L. 巴斯托在她研究欧洲猎杀女巫的著作序言中如是说。[1] 确实，关于酷刑的描述令人不忍卒读：被刑讯者的身体在吊刑架上吊到脱臼，在白热化的金属刑讯椅上烧焦，腿骨被夹棍夹断。魔鬼学家建议大家：不要被她们的眼泪打动，那只是魔鬼的诡计，都是装的。捕杀女巫的猎手们对女性既着迷又恐惧。他们会不停地追问被告的女性们："魔鬼那话儿如何？"《女巫之锤》中宣称她们能让男人的性器官消失，把那些玩意儿藏在匣子里或鸟窝里，让它们在里面绝望地扭动（然而从未在上述地点发现它们）。她们骑跨的扫帚，既间接代表她们在家操持家务的属性，又因其形似男性生殖器，彰显了她们放荡的作派。巫魔夜会被视为一场失控的性派对，恣意妄为。拷问者享受着对女囚犯的绝对支配：他们可以肆意满足自己的窥淫癖与性虐欲。再加上守卫的性暴行：据说，当有人发现一个看押中的女犯人被勒死在自己的单人囚室里时，他们会说是魔鬼来把他的女仆带走了。许多被处决的女性，在行刑的那一刻，甚至无法站直。但即使她们终于要摆脱痛苦的一切了，最后还有残酷的死亡在等着她们。魔鬼学家亨利·博盖（Henri Boguet）记录了克洛达·让-纪尧姆（Clauda Jam-Guillaume）的死法。她躲过了三次火刑。行刑者曾答应在火舌触及她之前先将她绞死，但他没有履行承诺。最后她迫使行刑者遵守诺言：他最终将她打晕，让她在不省人事中受死。[2]

---

[1]　安娜·L. 巴斯托，《女巫狂潮》。
[2]　吉·贝奇特，《女巫与西方》。

一段被否认或虚幻化的猎巫史

从这一切来看，很难反驳说猎巫运动不是一场针对女性的战争。然而……新英格兰地区（Nouvelle-Angleterre）研究行巫案件的专家卡罗尔·F. 卡尔森（Carol F. Karlsen）慨叹道，在 1992 年因纪念塞勒姆女巫事件 300 周年而出现的许多出版物中，不管是学术性的还是面向大众的读物，其中的"性别取径都被忽略、轻视或间接否认了"[1]。安娜·L. 巴斯托认为[2]，史学家们否认猎杀女巫是一场"厌女症爆发"时表现出来的顽固与"事件本身同样不可思议"。她列举了她的同行（包括女性）为了反驳他们自己研究得出的结论而提出的一些骇人听闻的扭捏说辞。另外，吉·贝奇特自己也做出了这样的证明。当详细描述了在猎杀女巫之前发生的"女性妖魔化"后，他质疑道："这是说可以用反女权主义来解释火刑吗？"他又断然回答："当然不行。"为了支撑这一结论，他引用了几个薄弱的论据：首先，"也烧死了几个男人"；其次，"反女权主义是在 18 世纪末才发展起来的，远在火刑时期之后"。然而，要是说有几个男人因为对"着了魔"的女人的谴责而丧命——正如著名的卢丹（Loudun）与卢维埃（Louvier）着魔事件——那他们中的大多数人也是因为与那些女性有关联，而且，他们的罪状也会被加到所谓的主犯身上。就算反女权主义还远

---

[1]　卡罗尔·F. 卡尔森，《化为女身的魔鬼：殖民地新英格兰之巫术》(*The Devil in the Shape of a Woman*，*Witchcraft in Colonial New England*)，W. W. Norton & Company，纽约，1998 年。

[2]　安娜·L. 巴斯托，《女巫狂潮》。

在百年之后，但我们仍然可以看到它在猎杀女巫中所起到的决定性作用。几个世纪的仇恨与蒙昧主义在这场暴行中达到了顶点，而其导火索正是他们面对女性在社会领域内地位日益提升时而滋生的恐惧。①

让·德吕莫②在阿尔瓦罗·普拉永③于 1330 年应教皇约翰二十二世的要求所撰写的《教会叹词》(De planctu ecclesiae)中，看到了"教会中的主要文件对女性的敌意"，这是"号召大家参与讨伐魔鬼的同盟者的'圣战'召集令"，也是《女巫之锤》的先导。身为西班牙方济各会教士，阿尔瓦罗在文中直言女性"在谦卑的外表下，藏着自矜且无可救药的秉性，这点倒是像极了犹太人"。④"自中世纪末开始，"贝奇特坦言，"即使最世俗的作品都盖上了厌女的烙印。"⑤在这方面，教廷的神父们及其继任者们不遗余力地传播着希腊与罗马的神话。夏娃还未吞下禁果之前，罗马神话里的潘多拉早已打开了那个装有人类所有厄运的黑匣子。新生的基督教大量借鉴了斯多葛主义⑥，该主义本就视欢愉为敌，因此也就视女性为蛇蝎。"世上没有任何一个群体曾遭受过这样长期而顽固的诋毁。"贝奇特如此总结道。有了上述

---

① 阿梅尔·勒·布拉-肖巴尔(Armelle Le Bras-Chopard)，《魔鬼的妓女：女性行巫案》(Les putains du Diable. Le procès en sorcellerie des femmes)，Plon，巴黎，2006 年。

② 让·德吕莫(Jean Delumeau，1923—2020)，法国历史学家，尤其专长于天主教会史。——译者注

③ 阿尔瓦罗·普拉永(Alvaro Pelayo，1280—1352)，加利西亚的教会法学家。他在博洛尼亚学习教会法律，但在 1304 年辞去圣职，进入方济各会。他深受教皇约翰二十二世的宠信。——译者注

④ 让·德吕莫，《(14—18 世纪)西方之恐惧：一座被围攻的城邦》[La Peur en Occident (XIVᵉ-XVIIIᵉ siècle). Une cité assiégiée]，Fayard，巴黎，1978 年。

⑤ 吉·贝奇特，《上帝的四个女人：妓女、女巫、圣女与傻姑》(Les Quatre Femmes de Dieu. La putain, la sorcière, la sainte et Bécassine)，Plon，巴黎，2000 年。

⑥ 斯多葛主义(stoïcisme)，古希腊时期的一个哲学流派。在古罗马和古希腊颇受欢迎。——译者注

的文字宣传，我们可以想见，这套说辞迟早有一天会演变成一场腥风血雨。1593 年，一位比其他人更冷静的德国牧师警觉道，"那些小册子正在四处散播针对女人的不义之辞，只能当成无聊时的消遣看看作罢"；"然而市井小民经过了这番洗脑，对女人是怒火中烧。当他有一天听闻有个女人被判以火刑时，就会疾呼：'干得好！'"

　　"歇斯底里""可怜的女人"，这是安娜·L. 巴斯托所看到的许多史学家面对猎巫运动中的受害者们时所表现出的睥睨姿态。柯莱特·阿尔努在伏尔泰身上也看到了同样的态度。关于巫术，伏尔泰曾写道："只有哲学行动才能治愈这可憎的幻想并让男人们明白，不该烧死那些傻瓜。"阿尔努对此反驳道："首先，傻的是那些法官，他们傻到冒泡了才会让这份傻气传染的。"[①]同时，我们也发现了另一种反应：责备受害者。美国著名教授埃里克·麦德福特（Erik Midelfort）在研究德国南部的猎杀女巫时，注意到这些女人"貌似在当时掀起了一股巨大的厌女潮"。他建议研究一下"为何这一群体会让自己站到了替罪羊的位置上"。[②] 卡罗尔·F. 卡尔森质疑为新英格兰地区那些被告女性而做的群画像。她认为这个群像让人想起她们的"坏心眼"或"扭曲的个性"，这是加上了诬告者的滤镜。她在其中看到了"根植于我们社会的某种倾向，即让女性为加诸她们身上的暴行背锅"[③]。或许这份蔑视与偏见只意味着，那些将猎巫运动作为历史研究对象的人们——即使他们并不苟同，即使他们也看到了其中的恐怖，但——和伏尔泰一样，他们仍是猎杀了女巫的那个世界的产物。

---

① 柯莱特·阿尔努（Colette Arnould），《巫术的历史》（*Histoire de la sorcellerie*［1992］），Tallandier，巴黎，2009 年。
② 援引自安娜·L. 巴斯托，《女巫狂潮》。
③ 卡罗尔·F. 卡尔森，《化为女身的魔鬼》。

或许我们也只能得出结论：揭露这一事件是如何改变了欧洲社会的这一庞大工作还在起步阶段。

在猎巫运动中被处决的总人数一直备受争议，似乎永远也不可能得到确切的数字。1970 年，有人提出可能有上百万的受害者，甚至还要更多。今天，我们讨论的人数大致定在了 5 万至 10 万。[①] 这还不算上那些被私刑处死的、自杀的或者死在狱中的：她们或被凌虐致死，或是因为监押环境太过艰难而去世。其他活下来的，要么被流放，要么看着自己及其家族身败名裂。但所有女人，包括那些从未被起诉的，通通承受了猎巫运动的影响。在公共场合处以极刑，这是恐怖机构与集体纪律的有力工具，迫使她们必须使自己看上去矜持、温顺与服从，不会惹是生非。此外，她们还不得不在某种程度上接受一种体认：她们身上藏着恶之花。她们不得不说服自己相信自己本身就有罪且骨子里就黑暗。

以上就是安娜·L. 巴斯托为我们总结的中世纪根深蒂固又盘根错节的女性亚文化。在她看来，将在下个历史时期出现的个人主义（individualisme）——自我封闭、只关心个人的利益——放到女性身上，很大程度上要归因于恐惧。[②] 总有某种压力迫使人们保持低调。某些案例就验证了这一点。1679 年，在马谢讷（Marchiennes），佩隆·高吉咏（Péronne Goguillon）勉强逃过了四名企图强奸她的醉酒士兵的魔爪，士兵们答应放过她，但勒索她给他们一笔钱。佩隆的丈夫告发了他们，却将注意力引向了他妻子之前的坏名声：她曾被

---

① 芭芭拉·艾伦赖希（Barbara Ehrenreich）、迪尔德丽·英格利希（Deirdre English），《女巫、助产士与护士：女性治疗师的历史》（*Sorcières, sages-femmes et infirmières. Une histoire des femmes soignantes* [1973]），Cambourakis，"Sorcières"，巴黎，2014 年。

② 安娜·L. 巴斯托，《女巫狂潮》。

当作女巫，受过火刑。[1] 同样，在安娜·果尔迪[2]的身上，瑞士记者兼果尔迪的传记作家瓦尔特·奥泽尔（Walter Hauser）也发现了类似的事件。果尔迪曾起诉雇用她为保姆的医生性骚扰。医生却只因为她点燃了壁炉的隔离铁板就反告她施行巫术。[3]

从《绿野仙踪》到《精神之舞》

西方女权主义者抓住了女性被控行巫的历史作为利器，一边继续着她们的颠覆——不管是否经过了深思熟虑——一边挑衅地声讨当年法官硬塞给那些女性的可怕力量。"我们是那些你们烧不死的女巫的孙女。"某著名的标语如是说道。还有飘扬在 20 世纪 70 年代的意大利上空的"颤抖吧，颤抖吧，女巫回来啦！"[4]她们一边要求正义，一边抗议对这段历史的轻描淡写。1985 年，德国的盖尔恩豪森市（Gelnhausen）将本地的"女巫塔"改成了旅游景点。那里曾经是集体监禁被诬告为巫的女性的地点。对公众开放的那天早上，几个身穿白衣的示威者绕着这栋建筑物游行，手里还举着写有受害者名单的牌子。[5] 这些动员的努力，不管来自何处，有些还是取得了成效：

---

[1] 罗贝尔·慕尚布雷（Robert Muchembled），《最后的火刑：路易十四时期的一个法国村庄与它的女巫们》（*Les Derniers Bûchers. Un village de France et ses sorcières sous Louis XIV*），Ramsay，巴黎，1981 年。

[2] 安娜·果尔迪（Anna Göldi，1734—1782），18 世纪的一名瑞士女性，她是欧洲最后一位因施行巫术而被处决的人。在瑞士，她被称为"最后的女巫"。——译者注

[3] 阿加特·杜巴克（Agathe Duparc），《安娜·果尔迪，最终被爱的女巫》（*Anna Göldi, sorcière enfin bien-aimée*），*Le monde*，2008 年 9 月 4 日。

[4] 意大利原文：Tremate, tremate, le streghe son tornate!

[5] 安娜·L. 巴斯托，《女巫狂潮》。

2008 年,格拉鲁斯镇正式为安娜・果尔迪平反,这还得归功于果尔迪的传记作家的坚持。格拉鲁斯镇还为她建立了一座博物馆。[①] 弗赖堡(Fribourg)、科隆(Cologne)以及比利时的尼乌特(Nieuport)紧跟其后。2013 年,女巫审判案受害者纪念馆(mémorial de Steilneset)在挪威落成。这座建筑物是建筑师彼得・祖姆托(Peter Zumthor)与艺术家路易斯・布尔乔亚(Louise Bourgeois)合作的产物,献给在挪威北部芬马克郡(Finnmark)被处决的 91 位受害者。纪念馆就建在当年她们被烧死的那个地方。[②]

第一位深挖女巫历史并声讨"女巫"这一名号的女权主义者是美国人玛蒂尔达・乔斯林・盖奇(Matilda Joslyn Gage,1826—1898)。她为女性投票权而抗争,也为美洲印第安人的权益与废除奴隶制而奋斗——她曾因帮助奴隶逃跑而获刑。在于 1893 年发布的《女性、教会与国家》(Femme, Église et État)中,她献上了对猎杀女巫的女权主义解读:"当我们用'女性'来代替'女巫'去阅读那段历史时,就能更好地理解教会让这部分人所遭受的暴行了。"[③]在盖奇的影响下,她的女婿莱曼・弗兰克・鲍姆(Lyman Frank Baum)在其作品《绿野仙踪》里创造出了葛琳达(Glinda)这一人物。1939 年,随着维克多・弗莱明(Victor Fleming)将这部童书搬上大荧幕,诞生了大众文化中的第一位"好女巫"。[④]

之后,在 1968 年万圣节那天的纽约街头,突然出现了"来自地狱

① 阿加特・杜巴克,《安娜・果尔迪,最终被爱的女巫》

② 《在挪威,有一座纪念女巫的建筑物》(En Norvège, un monument hommage aux sorcières),Huffpost,2013 年 6 月 18 日。

③ 玛蒂尔达・乔斯林・盖奇,《女性、教会与国家》(Woman, Church and State, The Original Exposé of Male Against the Female Sex[1893])。

④ 克里斯汀・J. 索雷(Kristen J. Sollee),《女巫、荡妇与女权主义者》(Witches, Sluts, Feminists. Conjuring the Sex Positive),TreeL Media,洛杉矶,2017 年。

的国际女性恐怖主义阴谋"(WITCH)运动。运动的成员们穿着黑斗篷在华尔街上鱼贯穿行,手拉着手在证券交易所大楼前乱跳一气。"女人们闭着眼,低着头,哼唱着一首柏柏尔人①的歌(阿尔及利亚女巫眼中的圣歌),宣布好几只股票的暴跌。几个小时之后,交易所收盘时,指数跌了一点五个点。第二天,一共跌了 5 个点。"若干年后,作为当时参与者之一的罗宾·摩根(Robin Morgan)这般描述道。②她也提到了当时的人们完全不了解女巫的历史:"在交易所里,我们要求面见我们的上级撒旦。现在回想起来,这一步走错了,我觉得懊丧:是天主教会创造了撒旦,之后又构陷女巫为撒旦主义者。在这方面,我们上了父系社会的当,还有其他许多方面也是。我们傻透了,但我们傻得很有型。"③对,当时拍下那盛况的照片可以证明。在法国,第二次女权主义浪潮诞生了名为《女巫》(*Sorcières*)的杂志。它发行于 1976—1981 年的巴黎,主编是扎维埃尔·戈蒂埃(Xavière Gauthier),为这本杂志撰稿的有艾莲娜·西苏(Hélène Cixou)、玛格丽特·杜拉斯(Marguerite Duras)、露丝·伊利格瑞(Luce Irigaray)、茱莉亚·克里斯特娃(Julia Kristeva)、南希·休斯顿(Nancy Huston)、安妮·勒克莱尔(Annie Leclerc)。④ 这里还要加上安·希尔维斯特(Anne Sylvestre)那首特别美的歌。这位歌手除了创作的许多儿歌之外,还在 1975 年写了一首重要的女权主义经典

---

① 柏柏尔人(berbère),北非和西非的一个民族。——译者注
② 罗宾·摩根,《WITCH 对华尔街施法了》(WITCH hexes Wall Street),*Going too far. The Personnal Chronicle of a Feminist*,Random House/Vintage Paperbacks,纽约,1977 年。
③ 罗宾·摩根,《关于 WITCH 的三篇文章》(Three articles on WITCH),*Going too far*。
④ 如想详细(且有画面感地)了解那些年女巫运动的进程与文化差异,参见朱莉·普鲁斯特·唐吉(Julie Proust Tanguy),《女巫! 女性的黑魔法书》(*Sorcières ! Le sombre grimoire du féminin*),Les Moutons électriques,蒙特利马尔,2015 年。

歌曲，名为《和别人一样的女巫》(Une sorcière comme les autres)。^①

1979 年，斯塔霍克在美国出版了她的第一本书《精神之舞》(The Spiral Dance)。这将成为新异端信仰的女神崇拜的参考书目。这位原名为米立安·西莫(Miriam Simos)，在 1951 年生于加利福尼亚的美国人的名号传到欧洲人那里时，已经是 1999 年了。那一年，世界贸易组织贸易部部长会议在西雅图召开。斯塔霍克与伙伴们一起参与了反对该会议召开的抗议活动。那次事件标志着反全球化运动的开端。2003 年，出版商菲利普·皮尼亚(Philippe Pignarre)与哲学家伊莎贝尔·斯唐热(Isabelle Stengers)共同推出了斯塔霍克第一本书的法语译本，名为《女人、魔法与政治》^②。英文原版早在 1982 年就面世了。有次，我将曾为她写过的某篇文章放在文末链接中，激起了某位网站用户恼怒的嘲讽。他是一个写侦探小说的作家。他阴阳怪气地告诉我，"新异端巫术"(sorcellerie néopaïenne)这个概念压得他喘不上气。十几年过去了，他的想法不一定有变化，但他说的这事儿却不再显得格格不入了。时至今日，女巫无处不在。在美国，她们参加"黑人人权运动"^③(反对警察犯下的种族主义谋杀)，对唐纳德·特朗普(Donald Trump)施咒，反对白人至上，反对对堕胎权的质疑。在[俄勒冈州(Oregon)的]波特兰(Portland)及其他地区，一些团体再次扯起了"WITCH"的大旗。2015 年，在法国，伊莎贝尔·康布莱基(Isabelle Cambourakis)将她在家族出版社内开设的女权主义作品选集命名为"女巫"(Sorcières)。一定下来，她做的第一件事就是重

---

① 本人推荐由魁北克女歌手宝琳娜·朱利安(Pauline Julien)演绎的版本。该版本可以在 YouTube 上找到。

② 斯塔霍克，《女人、魔法与政治》(Femmes, magie et politique)，由 Morbic 译自英文版(美国)，Les Empêcheurs de penser en rond，巴黎，2003 年。

③ "黑人人权运动"(Black Lives Matter)，直译为"黑人的命也是命"。——译者注

印《女人、魔法与政治》。这本书的再版比初版[①]得到了更大的反响，尤其是在此书再版前不久刚发行了西尔维娅·费德里希的《卡利班与女巫》的法语译本。2017年9月，在反对劳动法改革的示威活动中，在巴黎与图卢兹出现了一个由女权主义者与无政府主义者组成的"女巫群"（Witch Bloc）。他们游行时带着尖顶的帽子，举着"马克龙到锅里来"（Macron au Chaudron）的横幅。

厌女者一如既往地对女巫这一形象揪住不放。"女权主义鼓励女性离弃她们的丈夫，杀死她们的孩子，搞些装神弄鬼的玩意儿，摧毁资本主义，变成女同性恋。"这是1992年美国电视传道士[②]帕特·罗伯森（Pat Robertson）在一篇至今仍很出名的长篇大论中的一段咆哮（观众反响强烈，纷纷表示："上哪儿报女巫班？"）。在2016年美国总统选举中，针对希拉里·克林顿（Hillary Clinton）的仇恨情绪远远盖过了批评之声，连那些能当着她面合理说出的最犀利的批判都不值一提了。人们将这位民主党候选人与"邪恶"联系在一起，还在各种场合将她比作"女巫"。也就是说，她因女性的身份而被攻击，而非因政治领袖的身份而遭受非议。她落选后，有人就在油管网站上发布了《绿野仙踪》里欢庆东方坏女巫之死的那首歌："叮咚，女巫死啦。"这段老调在2013年撒切尔夫人辞世之际就重响过一回。给希拉里扣女巫帽子的不止特朗普的选民们，还有初选时支持希拉里政敌的人。在伯尼·桑德斯（Bernie Sanders）的官方网站上，就有这样一位仁兄宣称要募集一笔基金，名为"爆女巫"（Bern the Witch，此为

---

① 当时的标题为"梦想黑暗"（*Rêver l'Obscur*）。参见维罗妮卡·扎拉可维兹（Weronika Zarachowicz），《所有人都是女巫！》（*Tous sorcières！*），*Télérama*，2015年4月8日。

② 电视传道士（televangelist），尤指定期在电视上劝人加入基督教及捐款的人。——译者注

文字游戏，音同"Burn the Witch"，即"烧死女巫"。而"Bern"为
"Bernie"的简称）。当伯尼·桑德斯这位佛蒙特州（Vermont）的参议
员的竞选团队看到这条留言时，立马把它从网站上撤了下来。[1] 在这
一系列让人笑不出来的玩笑话里，保守派社论作家拉什·林堡
（Rush Limbaugh）来了一记暴击："她是个婊里婊气的女巫。"[2]他或
许不知道，在17世纪的马萨诸塞州（Massachusetts）塞勒姆女巫事件
中，有一位当事人就已经用上了这个谐音梗，将其中一位被告者，也
就是女仆萨拉·丘吉尔（Sarah Churchill）叫作"婊巫"（bitch
witch）。[3] 作为回击，民主党选民的胸卡上出现了"女巫支持希拉里"
以及"嬉皮士支持希拉里"这样的标语。[4]

　　近几年来，法国女权主义者看待女巫形象的方式出现了一个显
著的转变。2003年，出版社编辑在推介《女人、魔法与政治》时，曾写
道："在法国，搞政治的总习惯于对与灵修沾边的东西保持警惕。他
们总是很快就把它们归入极右的领域。魔法与政治八字不合。如果
有女性决定自称女巫，那是因为甩掉了迷信和旧信仰，只保留了她们
一直经受的父权社会的迫害。"这番评语放到今日已有所变化。和在
美国一样，在法国也有一些年轻的女权主义者，还有男同性恋者和跨

---

[1] 挑事的始作俑者可怜巴巴地辩驳说，因为万圣节快到了。后来他给出了不好说出口又
切中要害的理由：希拉里·克林顿曾一度反对同性婚姻。在她任美国国务卿期间，曾
支持过2009年洪都拉斯的政变，推动杀害反对派，其中包括2016年3月被暗杀的生
态学家、女权主义活动家贝塔·卡塞尔（Berta Cáceres）。以上参见玛丽·索利斯
（Marie Solis），《伯尼·桑德斯的官方竞选网站曾经邀请支持者来"爆女巫"》（Bernie
Sanders official campaign site once invited supporters to "Bern the Witch"），Mic. com，
2016年3月11日。
[2] 此句原文："She's a witch with a capital B."英文中"Witch"（女巫）与"Bitch"（妓女）仅
有首字母之不同，其余相同，读音也相近。所以这句话也是个文字游戏。——译者注
[3] 安娜·L. 巴斯托，《女巫狂潮》。
[4] 克里斯汀·J. 索雷，《女巫、荡妇与女权主义者》。

性别者，在平静地要求魔法的回归。在 2017 年夏到 2018 年春期间，记者兼作家杰克·帕克（Jack Parker）编辑了《请，女巫》（*Witch，please*）这份"现代女巫简讯电子简报"，一时收获了上万名用户的订阅。她在上面放了一些拍摄的自家祭台的照片，还有个人魔法书的图片。她还放上了对其余女巫的采访资料，另外还有与星体运势、月亮周期相关的仪式建议。

这些新信徒们并没有遵循任何共同的仪式："巫术是一种践行，它不需要伴随任何宗教崇拜，但也可与之完美结合。"一位名为梅尔（Mæl）的法国女巫如是说。"这里没有什么水火不容的情况。所以，我们能看到主要的一神教（基督教、伊斯兰教、犹太教）里有女巫，无神论者里也有女巫，不可知论者里有女巫，异教与新异教［多神教（polythéistes）、威卡教（Wiccanes）、古希腊学者教派（Hellénistes）］里还有女巫。"①斯塔霍克——她自己加入了新异教威卡教——也声称自己会根据需要创造一些仪式。例如，她讲过自己与朋友为了庆祝冬至日所发明的仪式。她们在沙滩上点起一大堆篝火。随后，她们浸入海浪里，举着手臂，兴奋地唱着喊着。"最初几次庆祝冬至与夏至日时，有一回我们到海边，在晚上仪式之前看日落。有个女人说，'我们脱掉衣服，跳进水里吧！来吧，姑娘们！'我记得我回她说：'你疯了吧。'但我们还是照做了。又过了几年，我们又想到要点个火把，用来驱寒取暖。就这样，一个习俗诞生了。（一件事只做一次，是经历；做两次，就是习俗了。）"②

---

① 梅尔，《颤抖吧，颤抖吧，女巫回来啦！——巫术简介》（Tremate tremate, le streghe son tornate! Tremblez tremblez, les sorcières sont de retour! — Introduction à la sorcellerie），Simonae. fr，2017 年 9 月 11 日。

② 斯塔霍克，《精神之舞：古老的女神信仰的重生》（*The Spiral Dance. A Rebirth of the Ancient Religion of the Goddess*），20 周年版，HarperCollins，旧金山，1999 年。

暮光里的女巫

怎么解释这股清奇的浪潮呢？那些修习巫术的是看着哈利·波特长大的。伴随这些人成长的还有美剧《圣女魔咒》(*Charmed*)——主角是女巫三姐妹——以及美剧《吸血鬼猎人巴菲》(*Buffy contre les vampires*)。里面有个叫薇柔(Willow)的角色，一开始是个腼腆、没有存在感的高中生，后来成长为一名法力强大的女巫。这些耳濡目染或许都起到了一点儿作用。在一个仿佛所有事物都联合起来与你作对，让你觉得现世动荡、自我飘摇的时代，魔法似乎成了一根相当实用的救命稻草，是充满生命力的飞跃，是让自己能扎根于此世的一种方式。在 2017 年 7 月 16 日的简讯电子简报里，杰克·帕克拒绝深究"古人的魔法究竟是宽心药还是真有效？"这个问题。"重点在于，管用且对我们有利，不是吗？（……）人们总是寻找生命的意义、我们存在的意义，我要去哪儿，怎么去，为何要去，我是谁，我会成为谁等，一直问个不休。但如果我们能抓住两三样让我们安心的东西，感觉自己还掌着舵，那为何要往汤里吐痰呢？"我本人并没有在严格意义上修习过魔法，但我在这里找到了在别处[①]为了给自己争取时间、定期地遁世和畅游于幻想而辩护时要捍卫的东西。坚持积极思考，邀请大家去"发现内在的女神"，这样的巫术潮流也成了个人拓展这一庞大门类中独立完整的一个分支。有条极细的分界线将这项自我拓

---

① 莫娜·肖莱，《现实的暴政》(*La Tyrannie de la réalité*[2004])，Gallimard，"Folio Actuel"，巴黎，2006 年，以及《在家：家宅之内的奥德赛》(*Chez soi. Une odyssée de l'espace domestique*[2015])，La Découverte，"La Découverte Poche/Essais"，巴黎，2016 年。

展——充满了灵修的意味——与女权主义及政治赋权（empowerment politique）分隔开来。后两者都包含了对压迫体制的批判。但在这条分界线上，有些内容值得玩味。

或许，日益加剧的生态灾难也削弱了科技社会的威望与震慑力，打开了自称女巫的心理阀门。当一个看似极度理性的理解世界的体系最终摧毁了人类最赖以生存的领域时，人们可能会重新质疑曾经习惯地视为理性与非理性的一切。实际上，机械论的世界观见证了某个至今已消失的学科的形成。最新的一些发现让人们发觉它们不但不是什么光怪陆离或江湖行骗的路数，其结论反倒和女巫们的直觉洞见不谋而合。"现代物理学，"斯塔霍克曾在书中写道，"说的不再是某个固定物质里分开与隔离的各种原子，而是几波能量流、几种可能性、几个现象。一旦我们去观察，它们又会产生变化。现代物理学承认了萨满与女巫们一直了然于心的东西，即能量和物质不是分散的几股力，而是同一个东西的不同形态。"[1]与那时一样，我们正在目睹各种支配地位的加强——这种加强的象征之一就是某位肆意宣扬厌女情绪与种族主义的亿万富翁竞选世界上很强大的国家的领导人；于是，魔法作为被压迫者的武器卷土重来。当一切貌似不可挽回时，女巫闪现在暮光之中。她是能在绝望中找到希望宝藏之人。"当我们开启一段新历程时，生命、富饶与再生的能量都围绕在我们身边。当我们与这些能量联合时，就会发生一些奇迹。"在记录 2015 年去新奥尔良帮助那些从卡特琳娜飓风中脱险的人们的文字中，斯塔霍克曾这样写道。[2]

---

[1] 斯塔霍克，《女人、魔法与政治》。

[2] 斯塔霍克，《卡特琳娜飓风过境后的新异教回答》（Une réponse néopaïenne après le passage de l'ouragan Katrina），收录于 *In Reclaim*，该选集是由 Émillie Hache 精选与推介的生态女权主义文集，由 Émillie Notéris 译英文，Cambourakis，"Sorcières"，巴黎，2016 年。

女性权益与性少数派权益的捍卫者和保守思想的拥护者之间的冲突日益加剧。2017 年 9 月 6 日，在美国肯塔基州（Kentucky）的路易斯维尔（Louisville），当地的 WITCH 组织举行示威来捍卫该州最后一个且正面临关闭风险的自愿流产（IVG）中心。他们叫喊着："美国的宗教狂热者从 1600 年起就把女性权益钉在了十字架上。"①由此我们可以窥见某种时代精神，它是由精密的高科技与压迫的陈规陋习混合而成的奇特综合体。由玛格丽特·阿特伍德（Margaret Atwood）同名小说改编而成的电视剧《使女的故事》(The Handmaid's Tale) 就牢牢抓住了这一时代精神。于是，2017 年 2 月，有一群女巫，包括前来助阵的女歌手拉娜·德雷（Lana Del Rey），聚集在纽约的特朗普大楼楼下施法，以期罢黜总统。组织者们要求参与者设法弄到"一条黑线、一点儿硫粉、几根羽毛、一点儿盐、一截橙色或白色的蜡烛，再加上一张唐纳德·特朗普的'丑'照"。作为回应，民族主义的基督徒们建议背诵大卫的诗篇来围堵这种精神进攻。他们还在推特上传话，带的标签是"♯祈祷抵抗"(♯ PrayerResistance)②。对，画风奇特……

在 2015 年 8 月发布的一份（相当疯狂的）报告中，纽约风尚局（le bureau de style new-yorkais）的 K -霍尔（K-Hole）宣布已经认证了一种文化新趋势："混乱魔法"。它没有搞错。那一年，有一项面向一百万名信仰异教的美国人展开的调查。③ 调查的女研究员发现："当

---

① Instagram 网站上的账号@witchpadx 在 2017 年 9 月 7 日发布的内容。

② 玛侬·米歇尔（Manon Michel），《那天，拉娜·德雷成了反特朗普的女巫》(Le jour où Lana Del Rey est devenue une sorcière anti-Trump)，LesInrocks. com，2017 年 2 月 27 日。

③ 艾利克斯·马尔（Alex Mar），《美国的女巫》(Witches of America)，Sarah Crichton Books，纽约，2015 年。

我开始要就此在本子上书写时,跟我谈话的人只是用空洞的眼神看着我。离开时,还怪我随波逐流!"[1]作为一种精神与/或政治的修行,巫术也是一种美学,一种时尚……还是一条商业金矿。它在 Instagram 网站上有自己的标签,在 Etsy[2] 网站上有自己的虚拟货架。它有自己的权威女巫和自营女店主,在线上售卖运气、蜡烛、魔法书、超神食粮、精油与水晶。它点燃了服装设计师的灵感;各大品牌趋之若鹜。这没啥可奇怪的:毕竟,资本主义总是以商品形式把它一开始就要毁掉的东西再卖给我们。但这里也有一些天然的亲缘性在起作用。让·鲍德里亚(Jean Beaudrillard)在 1970 年就点出,消费意识里讲的是关于"奇迹"的故事[3],充满了魔幻的想法。在报告里,K-霍尔列出了魔法逻辑与品牌策略逻辑之间的平行对比表:"二者都是与创造有关。但一个品牌的推广意味着将一些理念植入公众脑中,而魔法是把理念植入你的脑中。"魔法有"自己的象征和符咒",品牌有"它们的商标与广告语"。[4]

远在巫术还未变成可盈利的概念时,化妆品业已经靠着众多女人对魔法的隐秘怀念大捞了一笔。它卖给女人们各种瓶瓶罐罐,各种神奇的活跃成分,各种蜕变成蝶的承诺,各种魔幻的噱头。有个叫格蕾森亚(Garancia)的法国品牌就表现得很明显。它的产品名包括"有超能力的魔法油""魔鬼番茄""女巫的蒙面舞会"以及"我的红血

---

① 科林·菲伏(Corin Faife),《巫术是如何成为品牌的》(How witchcraft became a brand),BuzzFeed.com,2017 年 7 月 26 日。

② Etsy 是一个美国的网络商店平台,专注于手工或复古物品。前文提到的 Instagram 网站即"照片墙"网站,主要是用户将照片和短视频分享给彼此的一款社交应用软件,也简称"Ins"。——译者注

③ 让·鲍德里亚,《消费社会》(La Société de consommation),Denoël,巴黎,1970 年。

④ K-霍尔,《K-霍尔♯5:一份存疑的报告》(K-Hole♯5. A report on doubt),Khole.net,2015 年 8 月。

丝消失了！"。类似的还有天然奢侈品品牌苏珊·寇福曼（Susanne
Kaufmann）。它的品牌创始人是个"在布雷根茨（Bregenz）丛林里长
大的奥地利女性。在她还小时，她的祖母对植物的热情感染了她。
她凭着这一腔热爱研究出了一些药方"。[1] 同样，英文单词
"Glamour"（对应法文的"Charme"）已经失去了最初的"魔力"的意
思，而只单纯表示"美丽""光彩"；它现在关联的是演艺圈以及与它同
名的女性杂志。"父权社会偷走了我们的宇宙，又把它包装成《时尚》
杂志与化妆品[2]的样子还到我们手里。"玛丽·达利（Mary Daly）总
结道。[3]

　　女性杂志里常有一个专栏，说的是每日护肤流程。里面总有一
个女性展示如何护理皮肤，或者更全面来说是如何保持身材与健康，
引起了广泛的共同关注（当然也引起了我的注意）。这样的主题出现
在油管的许多频道上，以及很多其他的互联网网站上（其中最有名的
是美国网站"Into the gloss"）。我们甚至还能在女权主义的传媒上
看到这些内容。各大化妆品的产品线构成了一座丛林，人们要花很
多时间、精力与金钱来巡游。而那些护肤专栏就是要让女金主们徜
徉在这片丛林里，让她们保持对品牌与商品的执念。每日护肤流程
的内涵包含了培养某种特定的专业知识、女性之间的小秘密（比如被
采访者常说这是她母亲传授给她的），是某种具有积极原则与协议的
科学，是一种节律，透着秩序感、掌控感与愉悦感。在时而混乱的日

[1]　参见博主莉莉·巴博丽（Lili Barbery）发布的《莉莉的一周清单♯5》（*Lili's Week List ♯5*），Lilibarbery.com，2017 年 10 月 18 日。
[2]　宇宙（cosmos）与《时尚》杂志（*Cosmopolitan*）、化妆品（cosmétiques）有相近的词根（Cosm-）。《时尚》杂志是主要针对女性读者的一本时尚类杂志。——译者注
[3]　玛丽·达利，《女性/生态学：激进女性主义的元伦理学》（*Gyn/Ecology. The Metaethics of Radical Feminisme*[1979]），Beacon Press，波士顿，1990 年。

常里,这样的存在可以视作低配版的女巫入会仪式了。另外,我们也会说,护肤是有一套"手法"的,掌握得最好的人就会被称为"女祭司"。

猎巫史是如何塑造我们的世界的

然而,接下来的内容就不怎么会谈及现代巫术了,至少是从字面意义上来说。在追溯过上述历史后,我真正想做的是探寻欧洲与美国猎巫运动的影响。这一系列的猎杀既传达又扩大了对于女性的偏见,有些女性受到了奇耻大辱。这些猎杀压制了某些行为和某些生存方式。几百年来,我们一直承袭着他们捏造出的这些形象与作品。这些负面形象,往好了说,是持续让人审视或自我审视存在的阻碍;往坏了说,是持续产出敌意,甚至暴力。即使仍有很多人真诚地希望对这段历史进行批判性的检验,但我们并没有可更换的过去。如同弗朗索瓦丝·德·欧本纳所写:"当代人是由他们可能忽略,甚至不记得的事件塑造而成的。但如果这些事件没有发生,无法阻止的是他们会有所不同,想法也会不同。"①

这段历史涉及的领域很广,但我想集中讨论其中的四个方面。首先是对所有女性独立的渴望的打击(第一章)。在被控行巫的女性中,单身女性与寡妇占了很大的比例,也就是说大量没有依附任何男性的女性被诬告为女巫。② 在那个时代,女性在劳动世界里的位置被剥夺。她们被赶出了各个行业。各种职业的学徒制逐渐正规化且禁

---

① 弗朗索瓦丝·德·欧本纳,《女巫的性别灭绝》。
② 吉·贝奇特,《女巫与西方》。

止女性参与。在此时尤为孤立无援的女性经历着"不可承受的经济压力"[1]。在德国，不允许手工艺师傅的遗孀继续从事其丈夫的工作。至于那些已婚女性，自欧洲在 11 世纪起再度引入罗马法后，她们就被认定为缺乏技能，只剩下一道自主权的缝隙，但这条缝隙在 16 世纪也被填平了。让·博丹——人们总是赧然地选择性忘记他作为魔鬼学家活跃的那段时光——因自己的国家理论（《国家六论》）而闻名。但阿梅尔·勒·布拉-肖巴尔提醒我们，博丹有一个著名的论点，即管理好家庭与管理好国家都需要男性权威来保证，且这二者是相辅相成的。这一观点与他对女巫的执念也不无联系。在法国，1804 年的《民法典》规定已婚女性是社会行为能力不足的。此时，猎巫运动应该已经完成了它的历史使命：不用再烧死那些所谓的女巫了，因为从现在开始，法律"可以拴住**所有**女性的自主权了"[2]……今天，说到女性独立，即使从法律层面与物质层面来说是可行的，但还是会遭遇一大片质疑。与男人、与孩子的绑定，即献出自我的活法仍被视为她们身份的核心。女孩们在成长与社会化的过程中学会了惧怕孤独，任凭自主性的土地上长着荒草。在著名的"养猫的单身女性"这一形象背后，撇开所谓的可怜与嘲弄对象不提，我们能从中看到的是当年令人闻风丧胆的女巫的影子，有一股子"似曾相识"的妖气。

与猎巫运动发生在同一时期的，还有避孕与流产的论罪。在法国，1556 年颁布的法令规定所有怀孕女性都要上报自己的妊娠情况，并且在分娩时还要有一位人证。杀害婴儿成了一项极其严重的

---

[1] 安娜·L. 巴斯托，《女巫狂潮》。

[2] 阿梅尔·勒·布拉-肖巴尔，《魔鬼的妓女》。

罪责,连巫术都不能与之相比。[①] 而在对"女巫"的指控中,常出现一项罪名为杀害孩童。有人说她们在巫魔夜会里啃食孩子的尸体。女巫是"母亲的对立面"。[②] 许多被指控为女巫的女性是疗愈师,她们时常充当助产士的角色,但有时也会帮助那些想要避孕或中止妊娠的女人。在西尔维娅·费德里希看来,猎巫运动为资本主义所要求的劳动性别分工做好了准备,将有偿劳动留给男人,指派女人去生育与教养未来的劳动力。[③] 这种分工一直持续至今:女人在要不要孩子这一点上是自由的……但前提是你得选择生育。不想要孩子的女人有时会被当成无情的人,暗地里存着坏心眼儿,对别人的孩子怀有恶意(第二章)。

猎巫运动也在公众心中留下了关于老妇人的非常负面的印象(第三章)。猎杀确实烧死了许多年轻的"女巫",甚至还有七八岁的孩童,不论男女。但那些较年长的女性,既因为样貌被厌弃,也因为她们的经历而显得格外危险。她们是"备受猎杀者青睐的受害者"。[④] "她们不仅没有得到老龄女性应得的照料与温柔,还频繁被指控为女巫,这被诬告的频率高到若干年之后,在北欧死在自己床上的老妇人都是罕见的。"玛蒂尔达·乔斯林·盖奇这样写道。[⑤] 画家们——昆汀·马西斯(Quentin Metsys)、汉斯·巴尔东(Hans Baldung)、尼克劳斯·曼努埃尔·多伊奇(Niklaus Manuel Deutsch)——与诗人们[⑥]

[①] 安娜·L. 巴斯托,《女巫狂潮》。
[②] 阿梅尔·勒·布拉-肖巴尔,《魔鬼的妓女》。
[③] 西尔维娅·费德里希,《卡利班与女巫》。
[④] 吉·贝奇特,《女巫与西方》。
[⑤] 玛蒂尔达·乔斯林·盖奇,《女性、教会与国家》。
[⑥] 他们再度发扬了贺拉斯(Horace)与奥维德(Ovide)留下的老传统。这两位前辈曾写过鄙夷老妇人身体的文字。(贺拉斯与奥维德都是古罗马时期的著名诗人。——译者注)

[龙沙(Ronsard)、杜·贝莱(Du Bellay)]对老妇人的执著恨意也可以归咎于当时渐兴的青春崇拜以及女性相较长寿的事实。另外，在资本主义到来前的原始积累过程中，之前的公共土地私有化——英格兰称之为"圈地运动"——也让女性损失惨重。有偿工作成为唯一的谋生手段，但男性更容易得到这类工作。女性比男性更依赖公共土地，在这些土地上可以放养一些奶牛，拣些木材与草料。[①] 这一进程既损害了她们的独立性，也将那些无法指望子女扶持的年迈女性推上了乞讨之路。绝经后的老妇人成为供养无益的人口，加上有时其言行比起年少时更恣意了些，便成了必须甩脱的洪水猛兽。也有人认为她们的性欲比起年轻时更强烈，这也促使她们寻求与魔鬼交媾；这种欲望看上去既怪诞又引人反感。今天的我们之所以会认为女性随着时间枯萎而男性随着时间旺盛，认为年纪让女性在爱情与婚姻市场上贬值，认为女性的青春短暂且过后便是一片惨淡，很大程度上要归咎于持续盘桓于我们脑海之中的一些女巫象征，不管是戈雅[②]画中的女巫还是迪士尼的女巫系列。不管怎样，女性的衰老仍显得丑陋、耻辱、预示着凶兆、像恶魔似的。

与建立资本主义体制所需的奴役女性的进程同时发生的，还有对包括奴隶、殖民地原住民、免费资源与劳动力的供应者的奴役，这是西尔维娅·费德里希的观点。[③] 这一时期还伴随着对自然界的过度开发以及一种新的知识概念的建立。有一门傲慢的学科从中衍生而出，它充满了对女性的蔑视。在这门学科的知识框架内，女性与非

---

① 西尔维娅·费德里希，《卡利班与女巫》。
② 戈雅(Goya，1746—1828)，西班牙画家、蚀刻师。他因肖像画而闻名，还是西班牙的查理五世的宫廷画家。——译者注
③ 西尔维娅·费德里希，《卡利班与女巫》。

理性相关，与情绪化相关，与歇斯底里相关，与它要支配的某种属性相关（第四章）。现代医学也是在这样的模式上建立起来的，并且与猎巫运动直接相关。因为后者为当时的官方医生扫除了强劲的竞争对手——疗愈师，普遍来说她们都比当时的医生有能力。现代医学从结构上传承了粗暴对待病人，尤其是女病人的传统。这些年来，我们听到越来越多有关的虐待与暴力事件，这还得感谢越来越通达的社交网络。我们对有时并不那么理智的"理性"的歌颂，我们对自然界习以为常甚至视而不见的征伐，一直在引起反思，并且质疑的声音愈来愈迫切。这些质疑有时毫无逻辑可言，但有时是站在女性主义的角度。有些女性思想家认为，两个领域是一起被压迫的，应该共同解决。她们不仅抗议她们在体系内遭受的不平等，她们还批评体系本身：她们想要推翻明显针对她们而设的象征性秩序与认知方式。

艺术与魔法：激发女性的力量

以上主题的内容是说不尽的。我只能就每个主题提供一条我经过思考与阅读后找到的思路。因此，我也会援引一些女作家的言论。在我看来，这些女性很好地代表了对上述禁忌的藐视——独立地生活、自然地老去、掌控自己的身体与性，从某些角度上对女性来说仍有禁忌的意味。总而言之，她们对我而言就是现代的女巫。她们的力量和敏锐就像童年时的蓬蓬婆婆一样鼓舞着我，帮我驱散父权社会的雷霆之击，绕过其禁令之间的障碍。无论她们是否自我定位为女权主义者，她们都拒绝放弃用十足的才干与自由去探索自己的欲望与可能性，并且充分地愉悦自己。因此，她们也会将自己暴露在某种社会制裁之下。这种制裁可能只是本能反应与谴责，而每个人又不假思索地将两者融合起来，因为对于何为女人的狭隘定义已经根植于我们脑中。回顾她们忤逆的这些禁忌，既可以衡量我们平时所受的压制，也可以看到她们的胆魄。

　　我曾在别处[①]半开玩笑地写过，我想创立女权主义的"懦弱"流派。我是一个彬彬有礼、和蔼可亲的中产阶级分子，总是不好意思引人注意。只有在没有其他方案可选择时，在信念感与渴望推动下，我才会跳脱既有的框架。我写书——比如眼下这本书——是为了给自己打气。一直以来，我都在审度身份认同典范的鼓舞力。几年前，有一本杂志列出了一个群像，是关于各年龄段那些不染掉白发的女性的。这个选择表面看来无关紧要，但立刻让人又想起了女巫的身影。其中有一位叫作安娜贝尔·阿迪（Annabelle Adie）的设计师，她回想起 20 世纪 80 年代时看到为克里斯汀·拉克鲁瓦（Christian Lacroix）这一品牌走秀的年轻模特玛丽·塞兹尼克（Marie Seznec）满头白发时受到的震撼："当我在某次秀场上看到她时，我怔住了。我当时才二十来岁，但我的发色已经开始变淡了。她坚定了我的信念：绝对不染发！"[②]最近，有一位名叫索菲·冯塔内尔（Sophie Fontanel）的时尚记者出了一本书，就是讲自己决定不再染发，她将这本书命名为《一个幻影》。这个幻影既是被之前染发所掩盖的那个闪闪发光的自我，也是那个令人印象深刻的白发女人。自从在咖啡馆露台上看到这一身影，她便决意要迈出一步。[③] 在美国，20 世纪 70 年代的连续剧《玛

---

① 莫娜·肖莱，《在家》。
② 戴安娜·乌尔维克（Diane Wulwek），《不掩饰白发》（Les cheveux gris ne se cachent plus），*Le Monde 2*，2007 年 2 月 24 日。
③ 索菲·冯塔内尔，《一个幻影》（*Une apparition*），Robert Laffont，巴黎，2017 年。同时参见莫娜·肖莱，《一位金发女郎的报复》，La Méridienne. info，2017 年 6 月 24 日。

丽·泰勒·摩尔秀》(*Mary Tylor Moore Show*)曾令女性观众耳目一新,该剧将一个乐活的单身女记者的真实故事搬上了荧幕。凯蒂·柯里克(Katie Couric)作为第一位于 2006 年独自为美国观众播报晚间新闻的女性,曾在 2009 年回忆道:"当我看到这个自由的女性,独立地靠自己谋生时,我对自己说:'我想要这样活。'"[①]作家帕姆·休斯顿(Pam Houston)在回溯自己如何走上丁克之路时,说起了 1980 年在丹尼森大学(俄亥俄州)遇到的研究女权主义的教授南·诺威克(Nan Nowik)对她的影响:这个"高大义优雅"的女人将节育环[②]当作耳环戴……[③]

　　一位从伊兹拉(Hydra)旅行回来的希腊朋友跟我说,她在当地的一家小博物馆里,看到了一颗涂了防腐香料的心脏。那是在与土耳其人战斗中最勇猛的岛上海员的心脏。"你说,要是吃了它,是不是也会变得和他一样勇敢?"她若有所思地问我。无需寻求如此极端的办法:当你想让某人的力量为你所用,接触某种象征、某种思想,就足以产生神奇的效果。我们在这种女性之间互相伸以援手、互相行方便(不管是有意或无意)的方式中,可以看到与支配着大众专栏和无数网络动态的"全视图"(Plein la vue)逻辑正好相反的情况:"全视图"通过维持某种虚幻的完美生活,引起了嫉妒、沮丧,甚至是自我厌恶与绝望。但互助是一种慷慨的邀请,让人得到骨子里的认同,这种鼓舞无需掩饰瑕疵与脆弱。第一种姿态常见于广泛而有利可图的

---

① 援引自丽贝卡·特雷斯特(Rebecca Traister),《所有单身女郎们:未婚女性与一个独立国之崛起》(*Alle the single ladies. Unmarried Women and the Rise of an Independant Nation*),Simon & Schuster,纽约,2016 年。

② 也就是宫内节育器(stérillet)。

③ 帕姆·休斯顿,《"什么都想要"的麻烦》(The trouble with having it all),收录于 Meghan Daum(dir.), *Selfish, Shallow, and Self-absorbed. Sixteen writers on the decison Not to Have Kids*,Picador,纽约,2015 年。

竞争中，竞争的名头就是谁最能代表传统女性的原型——比如时尚版画上的可人儿、完美的人妻或人母。第二种姿态正相反，它助长了就上述典范所产生的分歧。它展现出的是可以在典范之外生存与绽放，而且并不像那种类似恐吓的言论想要说服我们的那样，一旦偏离了笔直的道路，我们也不会在树林拐角处掉入地狱。在别人所"知晓"的信仰中或许总有一点理想化或虚幻的东西，总藏着一个你不知道的秘密；但这个信仰至少是个提供翅膀的，而非某个让人萎靡不振的理想。

有个美国知识分子叫作苏珊·桑塔格（Susan Sontag, 1933—2004），我们在她的一些照片中都能看到在她那头黑发中有一大绺白发。这绺白发是局部白化症的症状之一。前面提到的索菲·冯塔内尔也得了这种病。她讲了一个故事：在 1460 年的勃艮第，有个叫尤朗德（Yolande）的女人被当作女巫烧死了，在给她剃头时，人们在她脑袋上发现了一块与这种白化症相关的色素减退，这块白斑被当成了魔鬼的印记。不久前，我又看到了苏珊的这样一张照片。现在的我觉得她很美，但要是 20 年前，我会觉得她有点儿丑陋、令人不适。那时尽管没有清楚说出来，但她让我想起的是迪士尼动画《101 忠狗》里那个可恶又可怕的女巫库伊拉（Cruella）。意识到这一点后，之前干扰我对这个女人及与她相似的人进行判断的坏女巫阴影便消散了。

冯塔内尔在她的书中列出了她觉得自己的白发很美的几条理由："很多美好的事物都是白色的，像希腊用石灰抹的墙、卡拉拉①大理石岩、海里的细沙、贝壳上的螺钿、黑板上的白粉、一池牛奶浴、一

——————————

① 卡拉拉（Carrare），意大利中北部的一个城市，盛产优质大理石岩。——译者注

抹光点、下雪的山坡、获得奥斯卡终身成就奖的加里·格兰特(Cary Grant)的一头华发、妈妈带我去的雪地,还有冬天。"①如此多的联想物温柔地驱散了来自沉重的厌女历史的思想阴霾。在我看来,这里有种魔法。在一部关于漫画的纪录片中,漫画《V字仇杀队》(*V comme Vendetta*)的作者阿兰·摩尔(Alan Moore)说:"我觉得魔法是某种艺术,艺术也是某种意义上的魔法。艺术和魔法一样,都是操控象征、文字或图像来制造意识里的变化。其实,施魔法,简单来说就是操控文字来改变人们的意识。所以我觉得艺术家或作家是如今世界上最接近萨满的一群人。"②从一层层堆叠的文字与图像中驱逐我们之前奉为圭臬的东西,找出那些在不知不觉中捆绑我们思维的专横又偶然的象征物,并以其他内容来替代它们,让我们完整地生存下去,用赞许包裹自己:这就是我乐于一生践习的巫术。

---

① 索菲·冯塔内尔,《一个幻影》。
② 德兹·维伦兹(DeZ Vylenz)的纪录片《阿兰·摩尔的精神世界》(*The Mindscape of Alan Moore*),2003年。

第一章
自己过活：女性独立的灾祸

"你好，格洛丽亚(Gloria)，很高兴终于有机会与您对话……"

这一天是 1990 年 3 月里的某天，在美国有线电视新闻网(CNN)，拉里·金(Larry King)采访了被誉为美国女权主义神兽的格洛丽亚·斯泰纳姆(Gloria Steinem)。有一位女观众从俄亥俄州的克利夫兰打来电话。她的声音很温柔，大家以为这是一位粉丝。但人们很快发现搞错了。"我认为您的运动是一场彻彻底底的失败，"这个甜美的声音指责道，"我认为您是我们美国好家庭和好社会走下坡路的主要原因之一。我有几个问题：我想知道您结婚了吗？您有小孩吗？……"被提问的嘉宾很冷静，两次都干脆地回答"没有"。主持人打断了这位来电的女士，想要尝试着圆滑地为她总结一下发言。但这位匿名的女复仇者最后还是撂下了一句："我认为格洛丽亚·斯泰纳姆该被地狱之火烧死！"①

格洛丽亚·斯泰纳姆生于 1934 年，是一位记者。她在 20 世纪 70 年代初开始积极地捍卫女性权益。她总能让对手感到窘困。首先，她的美貌与丰富情史颠覆了世人对女权主义者的固有印象。在

---

① 该影视片段节选自彼得·孔哈特(Peter Kunhardt)的纪录片，《格洛丽亚，让她自己说》(*Gloria*. *In Her Own Words*)，HBO，2011 年。

这之前，人们认为女权主义者提出各种要求，不过是为了掩盖这群不得男人青睐的丑姑娘的酸楚与沮丧。另外，她曾经与现在一直充实而精彩的人生——旅行与发现，行动与写作，恋爱与友谊，这委实为那些认为女人的存在如果没了丈夫和孩子就没了意义的人士增加了工作的难度。有位记者曾问她为何不结婚，她的回答至今掷地有声："被圈养的配偶我做不来。"

　　66 岁时，她打破原则结了婚，只为她当时的南非男友能拿到绿卡留在美国。她在俄克拉荷马州（Oklahoma）嫁给了他，就在她的好友——美洲印第安人领袖威尔玛·曼基勒（Wilma Mankiller）的家中，婚礼上举行了切诺基①式的仪式，紧接着是一顿"美味的早餐"。为了这个场合，她又穿上了她"最漂亮的牛仔裤"。她的丈夫在三年后死于癌症。"因为我们之间有了合法婚姻，所以有些人觉得他应该是我的人生挚爱，而我也是他的挚爱。"几年之后，斯泰纳姆对正在调查美国女性单身状况的记者丽贝卡·特雷斯特这样说道，"那其实是一点都不了解人的独特性。他曾经结过两次婚，也有几个很棒的成人子女。我与几位男士也有过几段愉快的交往。他们至今仍是我的朋友，也是我所选择的家人。有些人一生当中只有一个伴侣，但这不是我们大多数人的情况。我们的每一段爱都是重要且独特的。"②

　　丽贝卡·特雷斯特提醒我们，直到 20 世纪 60 年代末，美国女权主义一直由贝蒂·弗里丹（Betty Friedan）主导，她于 1963 年写出了《女性的奥秘》（*La Mystique féminin*）一书，强烈地批判了理想的家庭主妇。她为那些"想要平等，但仍然爱着丈夫和孩子"的女性辩护。

---

① 切诺基（Cherokee），北美印第安人的一个民族，之前主要居住在阿巴拉契亚山脉周围，现在主要是在俄克拉荷马州。——译者注
② 丽贝卡·特雷斯特，《所有单身女郎们》。

然而，对婚姻的激烈批判出现在女权运动中，是因为新生的同性恋权益斗争以及女同群体更高的曝光率。但即便如此，对于很多激进分子来说，一个人是异性恋却不结婚，是难以想象的[①]，"至少在格洛丽亚出现之前是这样"。因为她与其他几位先锋的出现，1973年的《新闻周刊》（Newsweek）指出："终于能够做既单身又完整的女性了。"70年代末，离婚率暴涨，达到近乎50%的高峰。[②]

福利大婶、女骗子与"自由电子"[③]

然而，值得注意的是，再次掀起波澜的还是美国的白人女权主义者。一方面，作为奴隶后裔的黑人女性从不承认自己是贝蒂·弗里丹所指责的那种理想的家庭主妇。她们自豪地宣扬自己的工人身份，这一身份是由第一位获得经济学博士学位（1921）的非裔美国女律师萨蒂·亚历山大（Sadie Alexander）于1930年从理论上提出的。[④]另外，还有长期存在的政治介入与社区干涉。例如，令人印象深刻的安奈特·里希特（Annette Richter）。她与格洛丽亚·斯泰纳

---

① 这当然不意味着之前从未批判过婚姻。可参见伏尔泰琳·德·克蕾（Voltairine de Cleyre），《婚姻是一步坏棋》（Le mariage est une mauvaise action［1907］），Éditions du Sextant，巴黎，2009年。［伏尔泰琳·德·克蕾（1866—1912），一位美国的无政府主义者，是一位多产的作家和演说家。她反对资本主义、婚姻和国家以及宗教对性和女性生活的控制。——译者注］

② 丽贝卡·特雷斯特，《所有单身女郎们》。

③ "自由电子"（Électrons libres），指不附着于离子、原子或分子，在外加电场或磁场作用下自由移动的电子。——译者注

④ 斯蒂芬妮·库兹（Stephanie Cootz），《奇怪的酝酿：〈女性的奥秘〉与20世纪60年代初的美国女性》（A Strange Stirring. "The Feminine Mystique" and American Women at the Dawn of 1960s），Basic Books，纽约，2011年。

姆同龄，也一样单身且没有子女，可以说，她本该成为与前者一样著名的人物。在接受了优秀的教育之后，她一生都在为华盛顿政府工作，同时还管理着一个黑人女性秘密互助协会，这个协会是她高曾祖母于1867年还在做奴隶时建立的。[①] 由于第二次世界大战后非裔美国人的经济状况恶化，她们中的大多数人已不再结婚，因此也就早于白人女性有了非婚生子的现象。这也为她们招致了自1965年开始的诟病。当时的劳动部副部长丹尼尔·帕特里克·莫伊尼汉（Daniel Patrick Moynihan）指责称，她们让"美国社会的父权结构"[②]陷入危机。

自20世纪80年代里根总统执政时期起，保守党的言论就制造了一个令人厌恶的"福利女王"的形象。这说的可能是黑人女性，也可能是白人女性。但如果是第一个情形，这里头还要加上种族歧视的意味。总统本人也在十余年间四处散播关于某个"皇后"的事迹——他脸不红心不跳地声称这位女士用了"80个名字、30个地址和12张社保卡"，因此她的税后收入"超过了15万美元"[③]——这显然是扯淡。总之，当时——在法国也众所周知——揭露了一堆"福利大婶"和"女骗子"。1994年，杰布·布什（Jeb Bush）在竞选佛罗里达州州长时，认为那些领社会补助的人应该"对自己的人生负责，找个人嫁了"。在艾利尔·戈尔（Ariel Gore）的小说《我们曾是女巫》（*We Were Witches*）里，故事背景是20世纪90年代初的加利福尼亚州，女主人公是一位年轻的（白人）单身妈妈，她犯了个错，她不该在刚搬来

① 参见凯特琳·格林尼治（Kaitlyn Grennidge），《南方的秘密》（*Secrets of the South*），lennyletter.com，2017年10月6日。
② 援引自丽贝卡·特雷斯特，《所有单身女郎们》。
③ 参见赛日·阿里米（Serge Halimi），《大后翻》（*Le Grand Bond en arrière*[2004]），Fayard，巴黎，2006年。

郊区时就告诉新邻居，她是靠食品券熬过来的。当邻居丈夫得知此事后，跑到她窗下大声咒骂她，还从她邮箱里偷走了支票。有一天，当她和女儿从外面回来时，看到大门上钉了一只抹了红漆的娃娃，上面还有一行字："去死吧，骗补助的婊子。"她逃难似地搬走了。[①] 2017年，密歇根法院为一个 8 岁的孩子寻找生父，他的母亲在被强奸后生下了他。法院在没有征求任何人同意的情况下，授予强奸犯共同抚养权与探视权，还把该男子的姓名加到了孩子的出生证上，并将女受害人的住址告诉了这名男子。这位年轻的女士评论说："我之前领着食品券与儿子的疾病保险补助。我猜他们应该是想省点儿钱吧。"[②]照他们的理论，女人就该有个主儿，就算这个主儿是一个在她 12 岁时就把她拐走并非法拘禁起来的男人。

1996 年，由比尔·克林顿施行的社会福利改革灾难般地将之前过于宽松的社会保障网摧毁了。[③] 这次改革的其中一位主使人在2012 年谈到婚姻时还将其称为"对抗贫穷的最好武器"。然而，丽贝卡·特雷斯特从中得出结论：更应该反其道而行之。"如果政治人士担心结婚率下降，他们应该增加社会福利。"因为享有最低限度的经济稳定，人们才更容易走入婚姻。"如果他们担心贫困率，也应该提高社会福利。道理同上。"另外，她指出，即使未婚女性真的要求"丈夫般的照顾的国家"（État-mari），又有什么可耻的呢？ 毕竟一直以来，白人男性，"尤其是有钱又已婚的白人男性"，为了保证自己的

① 艾利尔·戈尔，《我们曾是女巫》，Feminist Press，纽约，2017 年。

② 麦克·马丁代尔(Mike Martindale)，《密歇根的强奸犯获得了共同监护权》(Michigan rapist gets joint custody)，*The Detroit News*，2017 年 10 月 6 日。

③ 参见罗伊克·瓦冈(Loïc Wacquant)，《当克林顿总统要"改革"贫穷时》(Quand le président Clinton " réforme " la pauvreté)，《世界外交论衡月刊》(*Le Monde diplomatique*)，1996 年 9 月。

独立，从"妻子般的照顾的国家"(État-épouse)得到了很多在补助、贷款与减税方面的扶持。① "女性是拥有独立自主权的个人，而非纯粹的附属品或等待主力驮马的辅助牲畜"——这样的观念当时还未在大众意识中传播开来，更不用说在保守党政客们间传播了。

1971 年，格洛丽亚·斯泰纳姆与人共同创办了女权主义月刊《女士杂志》(Ms. Magazine)。不是"小姐"(Miss，指未婚女性)，也不是"太太"(Mrs.，指已婚女性)，"女士"是"先生"(Mr.)的女性对应词：一个不透露使用者婚姻状况的称呼。这个词是由一位民权活动家希拉·麦克斯(Sheila Michaels)于 1961 年发明的。她在看到写给她的室友的一封信上有一个拼写错误时有了这个念头。她本人从来不是什么"父亲的所有物"，因为她父母并没结婚。她也不想成为某位丈夫的所有物，所以她在寻找一个能表达这一点的名称。那时候，很多年轻女孩在 18 岁时就结婚了，而麦克斯已经 22 岁了：做一位"小姐"意味着做一件"留在货架上的配件"。十年来，她一直介绍自己为"女士"，承受着嘲笑与讥讽。后来，格洛丽亚·斯泰纳姆的一个朋友听说了她的想法，就把它传达给了正在寻找刊名的杂志创办者们。"女士"这一用词最终也因她们而推广开来，大为流行。同年，纽约州的国会议员贝拉·阿布扎歌(Bella Abzug)推进了一条允许在联邦表格中使用这一用词的法令。1972 年，当理查德·尼克松(Richard Nixon)在电视上突然被问到这个话题时，他尴尬地笑了笑，说他"或许有点儿老派"，但他还是更愿意使用"小姐"或"太太"这样的称呼。在一份白宫的机密录音中，我们能听到在节目放送后他对身旁的顾问亨利·基辛格(Henry Kissinger)低声抱怨道："见鬼，有几个人真

① 丽贝卡·特雷斯特，《所有单身女郎们》。

正看过格洛丽亚·斯泰纳姆所写的东西，能干点正事儿吗？"①2007年，《卫报》(*Guardian*)记者夏娃·凯(Eve Kay)满是自豪地回忆起她第一次以"女士"("Ms"，这个词在英国使用时没有句点)这一用词进行登记，开设银行账户的情形。"我是个独立的人，有一个独立的身份，而'女士'完美地诠释了这层意思。这只是象征性的一步——我知道这不代表女人就能和男人平视了——但重要的是至少表达了我想要自由的意愿。"她鼓励女读者们也这样做："如果您选择了'小姐'一栏，那您仍被归为不成熟与孩子气。若您选择了'太太'一栏，您就被归为某种动产。选择了'女士'，您就是一名完全能对自己人生负责的成年女性。"②

　　而在法国，40年后，女权组织"女性敢出头"(Osez le féminisme!)与"保护坏女人"(Chiennes de garde)才把这个议题摆上台面，发起"'小姐'一栏太多余"运动，要求将"小姐"这个选项从行政表格中删除。这一行动被视为女权主义者闲来无事的心血来潮。人们的反应也不尽相同：有人叹息、感伤，嗟叹这群疯婆子扼杀了法式风雅；有人愤怒不已，喝令她们干点"正经事儿"。"一开始，我们以为是个玩笑。"阿里克斯·基罗·德兰(Alix Girod de l'Ain)在 *Elle* 杂志的一篇社论里语气轻松地写道。她说起了"小姐"这个称呼用在名誉上的一种边缘化的用法，那就是用在几位女明星身上，她们的共同点是从未长久地绑定在一个男人的身上："要捍卫'小姐'这个称呼，因为有让娜·莫罗(Jeanne Moreau)小姐、卡特琳娜·德诺芙(Catherine Deneuve)小姐，还有伊莎贝尔·阿佳(Isabelle Adjani)小姐。"从这一

①　该影视片段节选自彼得·孔哈特的纪录片，《格洛丽亚，让她自己说》。
②　夏娃·凯，《请叫我"女士"》(Call me Ms)，*The Guardian*，伦敦，2007年6月29日。

角度出发，她略带恶意地坚称，推广使用"太太"（Madame）这一称呼——法语没有发明第三个代指女性的称谓——等于将所有女性都当成了已婚妇女："对于那些女权主义者来说，这是否意味着，婚配了的人更好、更值得尊敬？"这当然不是相关团体的本意。很快，她就表露了真正的遗憾，那是对附着在"小姐"一词上的青春气息的留恋："必须要捍卫'小姐'一词。因为当卡戴街的蔬果摊小贩这么叫我时——我也不傻，只是感觉自己能要到几片免费的罗勒。"（其实她忘了，女权主义者的炮火只对准行政公文的表格，所以并不会对她的免费罗勒构成威胁。）最后，她呼吁不如再添个"Pcsse"（即 Princesse，是"公主"一词的缩略词）一栏，以捍卫"我们不可剥夺的做公主的权利"①……尽管这么说很可悲，但她的话还是揭示了女性被培育成了多么珍视自己的幼齿化并从物化中寻找自我价值的物种——或许至少在法国是这样的，因为同一时期的杂志《嘉人》（*Marie Claire*）肯定地说道，在魁北克，"这个称呼（'小姐'）会让人觉得说话者的思想太老派。如果有人称呼一位女性为'小姐'，那回敬一个耳光是免不了的。"②

女冒险家，禁忌典范

"独身女性"（célibataire）一词，虽说并不是排他性的专有名词，

① 阿里克斯·基罗·德兰，《小姐您先请？》（*Après vous Mademoiselle?*），*Elle*，2011 年 10 月 19 日。

② 克莱尔·施耐德（Claire Schneider），《别再管女权主义者叫"小姐"！》（*N'appelez plus les féministes "Mademoiselle"!*），Marieclaire. fr，2011 年 9 月 27 日。

却以最显而易见的形式代表着女性的独立。这也使它成为保守派们憎恶的一个形象，同时也对许多其他女人构成了威胁。我们一直遵循的劳动性别分工的模式也产生了重大的心理影响。在大多数女孩接受教育的过程中，没有任何教育鼓励她们相信自己的力量，相信自己有办法，并且去培养、重视自己的自主性。人们迫使她们认为婚配与家庭是实现自我必不可少的要素，还让她们觉得自己脆弱、条件差，因而要不计代价地寻求情感上的依靠。所以她们对无畏的女冒险家形象的向往也只停留在想想而已，这对她们自己的生活没有丝毫影响。2017 年，在美国的某个报刊网站上，有位女性发出了这样的求救："告诉我别结婚！"20 岁的她在两年半前失去了母亲。他父亲打算再婚并准备卖掉家里的房子。她的两个姐姐已经结婚了，有一个生了几个小孩，另一个打算要小孩。她下次回老家时，就必须和她父亲的 7 岁继女同住一个房间了。想到这里她悲从中来。当下她没有男朋友。但即使她知道现在的精神状态很可能让她做出糟糕的决定，她脑中还是有一个执念：把自己嫁了算了。回复她的记者指出了女孩们在面临成年世界的动荡时所面对的障碍："男孩们被鼓励用最冒险的方式去计划自己的未来轨迹。凭一己之力征服世界是他们能想象到的最浪漫的命运，并且希望女人不要来搞砸这一切，不要绑住他们的手脚。而对于一个女人来说，只要她的身边没有男人，其在这个世界上取得成功的前景就会被描绘为悲悲戚戚的。在这些狭隘的成见之外重塑世界是一项艰巨的任务！"①

　　以上并不是说男人就不会因为情感匮乏或孤独而痛苦。但至少，他们没有被加重其凄惨氛围——甚或被制造这种凄惨氛围的文

---

① 　海瑟·哈弗里莱斯基（Heather Havrilesky），《告诉我别结婚》（"Tell me not to get married!"），*Ask Polly*，TheCut. com，2017 年 9 月 27 日。

化象征所包围。相反，整个文化环境会为他们提供支持。即使是孤僻、极度自以为是的怪人都能发起反攻，成为现世的普罗米修斯，享有金钱与成功。正如一位记者所言，"在男性文化中，没有白雪公主，没有穿着漂亮礼服的美妙婚礼。"①反之，女人们从小学着梦想"浪漫"——对其渴望甚至超过了"爱情"。根据格洛丽亚·斯泰纳姆的界定："一种文化越是呈现父权制与性别两极化，就越倚重浪漫。"在这种文化模式下，自我发展的调色板上不再是人类所有的品质，而只是满足于所谓的女性特质与男性特质而配备的色彩。要想凑齐所有颜色，就得找另一个性别，透过吸引模式建立起的肤浅关系来圆满自我。这样一来，女性就变得更加脆弱了："由于大多数人类的品质都标上了'男性'标签，仅有少量为'女性'特质，所以女性就比男性更需要将自己生命的大量篇幅投射到另一个性别的人类身上。"②

　　在这一前提下，独立女性会激起普遍的质疑。社会学家艾瑞卡·弗拉欧（Érika Flahault）指出了 20 世纪初出现独居的未婚女性时，法国的言论是如何表达这种质疑的——毕竟从前的她们"是有人管的，要么是父母，要么是家族，要么是社群"。她引用了记者莫里斯·德·瓦雷夫（Maurice de Waleffe）③在 1927 年说的话："一个男人永远不会落单，除非他像鲁滨逊一样漂流到荒岛上。如果他做了灯塔看守人、牧羊人或隐士，那表示他真心想这么做并且性情使然。欣赏他吧，因为灵魂之伟大在于内在生命之丰富，且这种丰富须达到十分才能满足自我。但您永远看不到一位女性选择这种伟大。因为

① 援引自夏洛特·德贝斯特（Charlotte Debest），《选择无子的人生》（*Le Choix d'une vie sans enfant*），PUR，"Le sens social"，Rennes，2014 年。
② 格洛丽亚·斯泰纳姆，《内在革命：自我评价之书》（*Revolution from Within: A Book of Self-Esteem*），Little，Brown and Company，纽约，1992 年。
③ 1920 年"最美法国女人"比赛的创始人，法国小姐比赛的鼻祖……

她们更脆弱，所以更柔和些。她们比我们更需要这个社会。"在一本1967年的畅销书中，医生安德烈·苏必朗（André Soubiran）自问："有必要搞清楚，女性心理是否当真能如此自洽，既想着自由，又想着不受男人支配?"[1]

不应该低估我们对象征物的需求——不管这些象征物是被大众所接受的还是源于某种反文化的——即便我们未必能清晰地觉察到它们的存在，但它们为我们选择何种生活提供了某种支持、意义、动力、启示与深度。我们在规划人生路线时，需要一些模版，以此来激活并坚持自己的人生，让它有意义，并让它与他人的人生交织在一起，从中体现他人的存在与认同。20世纪70年代有几部由当时的女权主义者执导的电影就为独立女性们发挥了这样的作用。例如，1979年上映的，由吉利安·阿姆斯特朗（Gillian Armstrong）执导的《我的璀璨生涯》（*Ma brillante carrière*）。[2] 在片中，朱迪·戴维斯（Judy Davis）饰演的西碧拉·梅尔文（Sybylla Melvyn）是一位19世纪的澳大利亚年轻女孩。她摇摆于富庶的母亲家族与贫穷的父亲农场之间。作为一个古怪、欢乐且热爱艺术的女性，西碧拉反对婚姻之路。她爱上了一个有钱的富二代。经过一番曲折后，他向她求婚，但她拒绝了。"我不想在还没经历过我的人生前就成为别人人生的一部分。"她抱歉地向他解释道。她向他吐露想写作的心声："这件事我必须现在就做。而且我得自己去做。"最后一幕里，她完成了一份手稿。当把手稿寄给编辑后，她靠在田野的栅栏上，沐浴在金色的阳光

---

① 安德烈·苏必朗，《致今日女性的公开信》（*Lettre ouverte à une femme d'aujourd'hui*），Rombaldi，巴黎，1973年。援引自艾瑞卡·弗拉欧，《独立生活：女性孤独的新形式》，PUR，"Le sens social"，Rennes，2009年。

② 该片改编自澳大利亚女权运动先驱迈尔斯·富兰克林（Miles Franklin，1879—1954）的第一部小说。

下，品味着幸福的滋味。

　　一个不包含男人与爱情在内的美满结局：这结局如此特别，即便我就是为了这份特别才看的这部电影，但它还是震撼到了我。当西碧拉回绝恋人的求婚时，有一部分的我是理解她的（"我不想变成某人的太太，然后每年生一个孩子。"她对他说道。），但有另一部分的我忍不住想对她喊："即便如此，女人啊，你确定吗？"毕竟在电影上映的那个年代，拒绝婚姻的潜台词就是彻底拒绝经历爱情。然而，之后的情况就不同了：1969 年，纽约的女性联盟向国会分发的传单上宣称"让婚姻见鬼去吧，不用男人"①。这让西碧拉的抉择蒙上了悲壮的色彩，但也凸显出其激进的主张：是的，对于女人来说，高过一切的也是实现自己的志向。

　　"男人们总是狡猾地设法让单身女性的人生举步维艰，以至于对大多数女人来说，她们都乐于把自己嫁出去，即使嫁得不好。"艾丽卡·容于 1973 年推出的小说《怕飞》的女主人公伊莎多拉·温（Isadora Wing）如此说道。这部小说从各方面探讨了这种对女性的诅咒。小说里的伊莎多拉·温是个年轻的女诗人（她的姓氏"Wing"在英文中有"翅膀"的意思）。她抛下了第二任丈夫，离家出走去找那个让她一见钟情的男人。她唤起在五年婚姻生活后难以抑制的渴望，"疯狂地想要逃走，想要证明自己的灵魂还完整，想知道自己还有力量坚持下去，能独自住在森林小屋里而不发疯"；但她也会对丈夫突然闪现怀念与柔情（"这就是我要失去的，我甚至将想不起来我自己的名字"）。就某方面而言，对爱情靠岸的需求与对自由的渴望之间的拉扯，男人和女人都能感受得到；正是因为这种拉扯，伴侣关系

---

①　援引自劳利·丽斯（Laurie Lisle），《没有小孩：挑战无子羞耻》（*Without child. Chanllenging the Stigma of Childlessness*），Ballantine Books，纽约，1996 年。

既让人向往又让人头疼。但伊莎多拉认识到，身为女人，即便必须独立，她独立的铠甲也很薄弱。她怀疑自己的勇气配不上自己的野心。她想要对爱情少些执迷，能够集中精力于事业和写作，像男人一样通过这些来实现自我。但她发现，当她写作时，也是为了让别人爱她。她害怕永远不能完全不带负疚感地享受自由。她的第一任丈夫疯了，曾想要拉着她从窗户跳下去。但即使这样，她依然无法从内心接受自己离开了他："我选了自己，内疚现在还在啃噬着我的心。"她意识到"不能想象没有男人的自己"："如果没有男人，我感觉自己像无主之犬、无根之木。我就是个没有面孔的生物、一件无法定义的东西。"然而，她身边的大多数婚姻都让她感到沮丧："问题并不在于'它什么时候出错了?'而在于'它什么时候能再好起来?'"[1]在她看来，单身人士只梦想着婚姻，而妻子们只梦想着逃离。

"字典里将'冒险家'定义为'一个经历、享受或寻求冒险的人'，但把'女冒险家'定义为'为得到钱财或社会地位而不择手段的女人'。"格洛丽亚·斯泰纳姆曾这样指出。[2] 她本人因为接受的是非传统的教育，所以躲过了让女孩们拼命寻求安全感的习惯训练。她的父亲一直不愿做个只领薪水的小职员，而是做着各种谋生行当，其中一种是四处游走的旧货商。他带着一家子上路，小格洛丽亚就在后座上自己看书，没有去上学（她直到 12 岁才上学）。格洛丽亚回忆道：他像是得了某种"厌宅症"。有时他们发现有什么东西落在了家里，即便他们才刚出发，他也宁愿重新买缺的物什，而不愿掉头回去

---

① 艾丽卡·容（Érica Jong），《怕飞》（Le complexe d'Icare[1973]），由 Georges Belmont，Robert Laffont 译自英文版（美国），Pavillons，Paris，1976 年。

② 格洛丽亚·斯泰纳姆，《在路上：我生活的故事》（*My Life on the Road*），Random House，纽约，2015 年。

拿。自 6 岁起，如果她需要置办新衣服，他就给她钱并在车里等着，让她自己挑喜欢的衣服。因此，"购买的东西非常令人满意，比如一顶红色的女帽，一双附带一只活兔子的复活节鞋子，还有一件带流苏的女牛仔外套。"换句话说，他任她自由定义她是谁。后来，她经常飞来飞去的，基本复制了她钟爱的父亲的生活方式。有一天，她远程工作的雇主要求她每周要有两天坐班，她就"递了辞呈，买了一支圆筒冰淇淋，在充满阳光的曼哈顿街头漫步"。她的公寓长期以来只是堆放纸箱和行李箱的杂物间，直到 50 来岁她才渐渐有了某种家的感觉：当花了几个月时间"去布置，非常兴奋地买了些床上用品和蜡烛"后，她发现在家的感觉非常好，反过来还提高了她对旅行的品位。但不管怎样，床上用品与蜡烛从不是她最挂心的东西。她也并没有一下子就学会如何表现得像个"女孩子"（她回忆道，小时候有个大人想亲她的脸颊，反被她咬了一口①），而她从中获益良多。

艾瑞卡·弗拉欧在她于 2009 年进行的有关法国"女性的居住孤独感"的社会调查中区别了三种女性："抱憾的"女性，即忍受这份孤独并感到痛苦的女人们；"行走中的"女性，即那些学着欣赏孤独的女人们；还有"配偶制的叛逃者"，就是那些跳出夫妻框架之外，随心所欲地生活、谈恋爱、交朋友的女人们。她指出，前两种女人，且不说她们的个人轨迹，也不论她们的社会阶层——有一种是旧式的农妇，另一种是十足的中产阶级——当她们发现自己没有或不再拥有成为好妻子或好妈妈的可能性后，就会觉得自己一败涂地。"她们都接受了

---

① 利亚·菲仕乐(Leah Fessler)，《格洛丽亚·斯泰纳姆说，黑人女性总是比白人女性更女权主义》(Gloria Steinem says Black women have been always more feminist than White women)，*Quartz*，2017 年 12 月 8 日。

同一种社会化影响，这种影响的显著特征是有深刻的性别角色分工烙印。不管她们有没有机会胜任这些传统的角色，她们对这些角色都有深深的依恋。"反之，"配偶制的叛逃者"总是刻意与这些角色保持一段批判的距离，或者彻底藐视它们。这些女人很有创造力，她们读很多书，内在很充实："她们活在男人的目光之外，活在他者之外。因为她们的孤独被作品与个体、生者与死者、亲戚与陌生人所包围着。她们与这些内容的往来——要么是真实的体验，要么是透过作品思想的交流——构成了她们自我认知的基础。"① 她们视自己为个体，而非女性原型的代表。这种不懈地对自我身份的提炼，与外界偏见所认为的"独居的关联词是痛苦的自我隔离"截然不同，这导致了双重效应：让她们能够驯服甚至去享受这份大多数人，不论婚否，在一生中总要面对，至少是有时要面对的孤独；并且让她们与人建立起格外紧密的关系，因为这些关系的建立是发自她们个人的真心而非基于某些约定俗成的社会角色。从这个角度来说，认识自我并不是"自私"，也不是自我封闭，而是通向他人的康庄大道。与一直以来想让我们相信的宣传相反，传统的女性特质并不是救生索：尝试去吸纳，承认它的重要性，远不能保证我们不受伤，反而会削弱我们，让我们变得贫瘠。

　　人们对单身女性的怜悯或许很好地隐藏了某种想清除她们所构成的威胁的企图。比如"养猫女孩"这个说法，其中猫被认为是用来填补情感空白的。② 由此，记者兼专栏作家纳迪亚·丹姆出版了一本

---

① 艾瑞卡·弗拉欧，《独立生活》。
② 纳迪亚·丹姆（Nadia Daam），《单身女性什么时候变成"养猫女性"了?》(À quel moment les femmes célibataires sont-elles devenues des "femmes à chat"?)，Slate. fr，2017 年 1 月 16 日。

书，名为《怎样不变成养猫女孩：单身却不孤单的艺术》①。喜剧演员布朗什·嘉尔丹（Blanche Gardin）在她的节目《我自独语》（*Je parle toute seule*）中讲到她的朋友劝她养只猫，这在她看来，意思就是她处境很凄惨："他没对你说，'养只仓鼠吧，这小东西能活两三年，到时你一定遇见某个人了。'不，不管怎么说，人家给你提的空窗方案能用 20 年呢！"猫是受女巫指派的"妖精"（esprit familier）——人们也常简称它为"le familier"——这个超自然个体常帮她施行魔法，有时女巫也会化作猫身。在《神仙俏女巫》②的动画片头里，萨曼莎（Samantha）变成一只猫，在她丈夫脚边摩挲，再跳到他臂弯里变回自己。在 1958 年由理查德·奎恩（Richard Quine）执导的《可爱的邻居》（*L'Adorable Voisine*，英文译名为 *Bell，Book and Candle*）③中，金·诺瓦克（Kim Novak）扮演的女巫在纽约经营着一家非洲艺术品商店。有天，她让她的暹罗猫派瓦基——典型的妖精的名字④——去给她抓个男人来过圣诞节。1233 年，教皇格列高利九世（Grégoire IX）的一道谕旨宣布猫为"魔鬼的仆从"。之后，在 1484 年，教皇英诺森八世（Innocent VIII）下令声称，任何猫，只要陪在一名女性身侧，即被视为妖精。有种说法是"女巫们"要和她们的宠物一起被烧死。对猫的赶尽杀绝导致鼠患猖獗，由此也加重了鼠疫的流行——而人们又把鼠疫怪到了

---

① 纳迪亚·丹姆，《怎样不变成养猫女孩：单身却不孤单的艺术》（*Comment ne pas devenir une fille à chat. L'art d'être célibataire sans sentir la croquette*），Mazarine，巴黎，2018 年。

② 《神仙俏女巫》（*Ma sorcière bien-aimée*），一部于 2005 年上映的美国电影。讲述一位身怀魔法却无法控制自如的女巫和其丈夫之间的一系列啼笑皆非的故事。——译者注

③ 这部芬兰电影的国内译名为《夺情记》。——译者注

④ 1644 年，英国的猎巫人马修·霍普金斯（Matthew Hopkins，? —1647）声称发现了一群女巫，派瓦基（Pyewacket）就是其中一名女巫幻化的妖精。后来，霍普金斯在《发现女巫》（1647）中叙述了这一事件。——译者注

女巫的头上[1]……玛蒂尔达·乔斯林·盖奇[2]在 1893 年就提到过，由于人们对黑猫的心理阴影从那时起就一直挥之不去，因此在市场上它们的皮毛价格是最低的。

反抗者须知

当女人们敢于追求独立时，其他人就会架起某种战斗机器，让女人们因勒索、恫吓与威胁而却步。在记者苏珊·法吕迪（Susan Faludi）看来，放眼整个历史，每当女性解放的进程向前迈进一步，哪怕只是怯生生的一步，都会激起一波反攻。第二次世界大战之后，美国社会学家维拉尔·瓦雷（Willard Waller）认为，由于当时的冲突产生的各种震荡[3]，"某些女性的思想独立"已然"失去控制"，这正应了"女巫之锤"里的那句话："女独思者，必思恶也。"确实，即使是再细微的平等之风吹过，男人们也会把它看作极具摧毁性的飓风——这就有点儿像占人口大多数的人群一看到种族主义的受害者表现出一丝想反抗的苗头，就感觉自己受到了侵犯，如临大敌。这种反应，除了不想放弃特权（男性特权与白人特权），还透露出支配者对被支配者经历的无法理解，同时——尽管他们气愤地声称自己很无辜——也

---

① 朱迪卡·伊乐思（Judica Illes），《女巫野外指南：从巫婆到赫敏·格兰杰，从塞勒姆到绿野仙踪》（*The Weiser Field Guide to Witches. From Hexes to Herminone Granger, from Salem to the Land of Oz*），Red Wheel/Weiser，纽波利波特，2010 年。

② 玛蒂尔达·乔斯林·盖奇，《女性、教会与国家》。

③ 苏珊·法吕迪，《反冲：针对女人的冷战》（*Backlash. La guerre froide contre les femmes*［1991］），由 Lise-Éliane Pomier、Évelyne Chatelain 与 Thérèse Réveillé 译自英文（美国），Éditions des femmes/Antoinette Foque，巴黎，1993 年。

有一种祸害者的警觉（"我们让他们那么痛苦，如果给他们留有一丁点儿回旋的余地，他们一定会毁了我们"）。

苏珊·法吕迪在她于 1991 年出版的书中①，详细记录了她称之为"复仇"或"适得其反"的多种示威活动：这些示威活动贯穿了美国的 20 世纪 80 年代，充斥于报刊、电视、电影与心理学著作之中，这么大的宣传阵仗，就是为了反对之前十年女权主义的跃进。隔了 25 年再来看，其手段之粗劣更加触目惊心。它再一次证明了媒体的存在经常是为了控制意识形态而非提供资讯：一再重复歪曲事实的论调，毫无批判性的审视，没有一丝顾忌与严谨，生搬硬套，见风使舵，哗众取宠，邯郸学步，与任何现实都挨不着的闭环式操作……"这种新闻的可信度并不是来自现实事件，而是出自它的重复能力。"法吕迪总结道。这一时期所有平台上反复强调又被拒绝承认的论点集中在两大谎言上：一是女权主义者赢了，她们得到了平等；二是现在，她们不幸且孤独。

第二种说法并不是要描述一种处境，而是要恫吓，要给予警告：那些胆敢抛开自己的职责，只想为自己而活，不愿伺候丈夫和孩子的女人们，都自食恶果了。为了劝阻她们，人们基于自己受教的内容，精准地攻击这些女性所谓的弱点：她们害怕自己孤独一人。"她们害怕天黑。这是个难熬的时刻：黑暗笼罩着整个城市，一盏盏灯火在一个个热气腾腾的厨房里依次点亮。"《纽约时报》（*New York Times*）有篇关于单身女性的文章满怀恶意地这样写道。有一本名为《美丽、智慧和独身》的心理学手册就严正提醒大家要警惕"自主神话"。《新闻周刊》（*Newsweek*）声称 40 岁以上的独身女性"遭遇恐怖

---

① 苏珊·法吕迪，《反冲：针对女人的冷战》。

分子袭击的可能性要大过她们找到老公的可能性"。人们从各个方面督促女性警惕生育能力的快速衰退，别想着征服星辰大海，尽快生孩子。人们会谴责那些没有"将丈夫当作自己存在的核心"的妻子。某些"专家"指出，职业女性在"罹患心脏病或自杀方面会有更高风险"。报刊上关于幼儿的文章都充满了世界末日感，严肃地写着"妈妈，别杀我！"这样的标题。在旧金山的动物园里，"一只名叫蔻蔻(Koko)的母猩猩对饲养员说，'我想要个孩子！'"当地某家报纸如此动情地写道。电影和杂志里都是容光焕发的主妇妈妈和毫无生气的单身女性，后者的问题是她们"对生活有太多期许"。[1]

法国的报刊也重复着同样的论调，从以下 1979—1987 年的《世界报》的几个标题中可见一斑：《当我们唤自由为孤独时》《女人，自由但孤独》《孤独女人的法兰西》《"当我回到家时，无人等候"》[2]……然而，艾瑞卡·弗拉欧注意到，即使在其他时期，无论是普通报刊还是女性报刊，从未有过赞许独立女性的论述，这些论调不是蒙着凄惨的面纱就是昂着高傲的头颅。这里同样也是要营造一种氛围而非描述某种状态："从某个自称在孤独中绽放的女人嘴里说出'没有男人，女人照样能好好活着'这样的话，比在其他场合说出会产生更负面的影响。"在那个时期，只有女权主义报刊里的文章不是在劝人迷途知返。也只有这类报刊能让人了解那个时代的单身女性经历的是怎样"旷日持久的文化攻击"[3]，并让人明白当时的单身女性在这种攻势下体验到的窘迫。诚然，社会将她们置于悲惨境地——以便于日后更

① 苏珊·法吕迪，《反冲：针对女人的冷战》。
② 援引自艾瑞卡·弗拉欧，《单身女人之悲惨印象》(La triste image de la femme seule)，收录于 Christine Bard(dir.)，Un siècle d'anti féminisme，Fayard，巴黎，1999 年。
③ 苏珊·法吕迪，《反冲》。

好地迷惑她们——的这种方式有点儿令人觉得不可思议："哇，你瞧你现在多惨啊！"但在这些报刊中，"独居生活这一选择远没有被否定，"艾瑞卡·弗拉欧分析说，"而且还被放到了相应的层面上。它是一种胜利，战胜的是自出生以来就施加在个人身上并影响其诸多行为的种种压力。'这是一场恶战，对抗的是披在我们自己身上的典型这一外衣，是陈习，是持续又不断翻新的社会压力。'（安托瓦内特①，1985 年 2 月）。"②在这里，我们突然听到了其他证词、其他观点，比如这份 1979 年 6 月的杂志《对面》(*Revue d'en face*)里发表的文章说："欲望缓缓破壳而出。重新夺回身体、床、空间与时间。学着取悦自己，学着体味空虚，学着不受他人拘束、不受世俗拘束。"

　　直到今天，遵循规范的呼唤仍没有消失：2011 年，作家兼编剧（《广告狂人》③的编剧之一）特蕾西·麦克米伦(Tracy McMillan)写了篇题为《为何你还没有结婚》的短文，引起了轰动，这篇文章也是《赫芬顿邮报》阅读量最高的文章。文中声称是在描述一项事实，却揭露出她将单身女读者塑造成一种特别不屑一顾且心怀仇恨的形象这一做法。她开始装作看透了自己的心理。尽管她努力做出还不错的样子，并说服自己很满意现在的状态，但还是流露出对已嫁朋友的羡慕。带着三段婚姻生活给她的优越感，她详细列出了自己的假定推论：如果你还未婚，这是因为"你是婊子"，因为"你是虚荣鬼"，因为"你谎话连篇"……她还特别强调了愤怒："你很火大，对自己的母

---

① 即安托瓦内特·福柯(Antoinette Fouque, 1936—2014)，法国著名分析学家、女性学家。——译者注
② 艾瑞卡·弗拉欧，《独立生活》。
③ 《广告狂人》(*Mad Men*)是 2007 年于美国上演的一部剧集。——译者注

亲火大，对军工复合体①火大，对'保守派政治家'萨拉·佩林②火大。
而这会让男人望而生畏。（……）大多数男人只想要娶个对他们好的
女人。您见过金·卡戴珊发火吗？我想没有吧。您看到的是微笑、
扭腰摆臀、拍性爱录影带的金·卡戴珊。女人的怒火让男人害怕。
我知道，要迁就男人的恐惧和不安全感才能把自己嫁出去，这听上去
也太不公平了。但事实上这规则运行得很好，因为迁就男人的恐惧
和不安全感，正是身为妻子在绝大多数时候要做到的事啊。"她还敦
促女读者们在选择伴侣时不要太挑剔，因为"那是年轻的小女孩才会
做的事，而小女孩是永不满足的。她们也极少有心情做饭"。最后，
她当然没有放过那些"自私者"，她告诫道："如果你还未婚，你考虑更
多的很可能是自己。你想的是你那纤长的大腿、你那装束、你那法令
纹③。你想的是你的事业。如果你没有事业，你想的就是要去报个瑜
伽班。"④看着这些文字，想到漫长的女性牺牲史，还有为了让自我实
现的意愿不跳脱他们预设的框架之外而聚集起来的厌女情结，我感
到有点儿晕眩。在法国媒体中，我没有看到哪家会如此生硬地要求
人们服从与放弃。我看到的对传统家庭的大力推介更多的是在时髦
又高雅的包装下进行的，在田园牧歌般的室内空间里，接受采访的时
髦的父母们聊着他们的日常生活、兴趣爱好与旅行，顺便还要说上几

---

① 军工复合体（le complexe militaro-industriel），是由军队、军工企业和部分美国国会议
　　员组成的庞大利益集团。——译者注
② 萨拉·佩林（Sarah Palin，1964—　），美国记者、政治家。她是共和党派成员，曾任阿
　　拉斯加州州长。——译者注
③ 法令纹是从鼻侧到嘴边的沟壑或条纹，常作为医美修复的目标。
④ 特蕾西·麦克米伦，《为何你还没结婚》(Why you're not married)，*Huff Post*，2011 年
　　2 月 13 日。

个他们最爱的去处。[①]

火刑架的阴影

　　20世纪80年代，电影荧幕上最具标志性的邪恶单身形象一直是艾利克斯·福瑞斯特（Alex Forrest）。这个角色出现在阿德里安·莱恩（Adrian Lyne）执导的电影《致命诱惑》（*Liaision fatale*）中，扮演者是格伦·克洛斯（Glenn Close）。迈克尔·道格拉斯（Michael Douglas）在里面饰演律师丹·加拉弗（Dan Gallagher），在妻子和女儿外出两天的空档里，他一时意志失守，屈服于某个在派对上结识的性感女编辑的求爱。两人过了个炽热的周末。但当他想抽身离开，独留她在空荡又冰冷的公寓里时，她紧紧抓住他不让他走，还割破了自己的手腕来挽留他。后来的镜头运转是：这一头，是丹欢乐的家庭时光，身边的妻子温柔又安定（她没有工作）；那一厢，是满脸泪水的艾利克斯，独自一人凄楚地听着《蝴蝶夫人》[②]，不停地将一盏灯打开又熄灭。既悲伤又不安的她开始纠缠丹，随后又盯上了他的家人——在著名的一个场景里，她将小女孩的兔子杀了，放在锅里煮着。她怀了他的孩子，不愿打掉孩子："我已经36岁了，这可能是我最后怀孩子的机会了！"在崔西·麦克米伦的锐利目光下，艾利克斯这位自我解放且自信的职业女性，摘下了面具，露出了可怜的面

---

① 　参见莫娜·肖莱，《家庭幸福之催眠》（L'hypnose du bonheur familial），节选自《在家》第六章。
② 　《蝴蝶夫人》（*Madame Butterfly*），是意大利作曲家普契尼创作的歌剧。讲述了一名日本女性与美国海军军官结婚后遭到背弃的故事。——译者注

目——期待着一个拯救者能让她跻身伴侣与母亲之列。

　　电影的最后，是情人被妻子杀死在她当初潜入这座家庭别墅时登场的浴室里。在第一个版本中，艾利克斯是自杀的；但在公开试映后，制作团队又拍了另一个版本。虽然对此十分恼火的格伦·克洛斯表示反对，但还是无济于事，因为另一个版本更符合大众期待。"人们绝对想杀掉艾利克斯，情感上不允许她自我了断。"男主角的饰演者迈克尔·道格拉斯冷冰冰地解释道。① 当时，在电影院里，有些男人在看到那一幕时显得十分激动，大声叫嚷着："上啊，扇她！这个婊子！"②在闹剧结束后，警察离开了，夫妻二人重新回到屋内，紧紧相拥，镜头聚焦到五斗橱上放的一张全家福照片。在整部电影中，镜头时不时会给到加拉弗一家人的照片，但总是远远的、虚虚的。这样的镜头语言，时而是在影射丈夫不忠的内疚，时而是在透露情人无力的愤怒。2017 年，借着《致命诱惑》上映 30 周年纪念的契机，导演阿德里安·莱恩嗟叹道："有人认为我想声讨那些事业女性并且说她们都是精神变态，这真是太愚蠢了。我是女权主义者！"③确实，如今女权主义又重新成了一种风尚……但苏珊·法吕迪认为，比起剧本被无休止地以一种更保守的方式修改，这些反驳也太可笑了。一开始，影片中妻子的设定是一名教师，但后来变成了家庭主妇；制作团队要求把丈夫的角色改得再可怜一点儿，把罪名都安到情人的头上。阿德里安·莱恩曾想过让艾利克斯穿着黑皮衣，把她的住处放在纽约肉

① 布鲁斯·弗雷提斯(Bruce Fretis)，《〈致命诱惑〉口述：被厌弃的明星与肮脏的兔子》(Fatal Attraction oral history: rejected stars and a foul rabbit)，*The New York Times*，2017 年 9 月 14 日。
② 苏珊·法吕迪，《反冲》。
③ 布鲁斯·弗雷提斯，《〈致命诱惑〉口述：被厌弃的明星与肮脏的兔子》。

市边上。在她家楼下，几个金属桶里燃着火苗，就像"女巫的锅炉"。①

　　但法吕迪所说的复仇并不只是在象征性领域——即使只在这一领域，它也产生了实实在在的影响。与猎巫时期相同的是，对于那些想像男性一样工作的女性，人们增加了挡在她们身前的障碍物，她们被剥夺了职业培训的机会，或者被扫出行会，有些女性还遭遇了毫不留情的敌意。贝蒂·里格斯(Betty Riggs)与她的女工友们的经历就是证明。她们曾是美国氰胺公司[American Cyanamid，后更名为"氰特工业公司"(Cytec Industries)]在西弗吉尼亚的雇员。1974 年，管理层应当地政府号召招募生产线上的女工。贝蒂·里格斯从中看到了难得的机会，既可以摆脱时薪一美元的工作，又可以养活父母与儿子，同时还可以暂时逃离那个暴力的丈夫。但她的申请被管理层以各种借口驳回。她因此和管理层较起了劲儿。一年之后，她如愿和其他 35 名女工一起入职。她在染料车间工作，这里第一年的产量就有了大幅提高。但女工常遭到男性同事的骚扰；有一天，她们看到了一张标语："挽回一个工位，杀死一个女人。"这还没算完：贝蒂·里格斯的丈夫在停车场把她的车给点着了，他还闯入车间对她大打出手。后来，到了 70 年代末，公司突然关心起女工所处理的原料对其身体的影响。其实这些原料同时也威胁着男性的生殖健康。然而，公司不愿采取额外的防护措施，只决定让 50 岁以下、具备生育力的女性下岗……除非她们自我绝育。这些女工共有七人，她们一时间难以抉择。其中五人因为不能丢了这份工作，最终妥协地去做了手术——其中就包括贝蒂·里格斯，那年她只有 26 岁。不到两年，1979 年年底，为了应对当时负责监督劳动安全的政府机构，公司关

---

① 　苏珊·法吕迪，《反冲》。

闭了染料车间："女人们为之牺牲子宫的岗位就这样被取消了。"后来她们也输掉了对公司的起诉：联邦法官认为她们"曾经有的选"①。贝蒂·里格斯只好重新去做"婆娘的差事"，靠帮佣维持生计。这里没有火刑架，但总有一种父权力量，它驱逐、打压反抗者，断其手脚，让她们永远作仆从。

谁是魔鬼？

　　这个自 16 世纪起，在欧洲权贵的眼中身形不断扩大的魔鬼，站在每个疗愈师、每个巫师、每个略微大胆或躁动一些的女性身后，直到把她们变成对社会的致命威胁的那个魔鬼究竟是谁？那个魔鬼是否就是自主的呢？

　　"权力的核心在于，把人与他所能做到的事区分开。如果人们都能自主，那就没有权力什么事儿了。巫术的历史，对我来说，也是自主的历史。另外，一个结了婚的女巫，比如《神仙俏女巫》里的那个，就很奇怪……有权者应该要树立榜样，显出没有他们就不行的样子。在国际政治中，最让人操心的永远是那些闹独立的国家。"评论家帕克姆·蒂勒门特(Pacôme Thiellement)这样总结道。② 直到今天，在加纳(Ghana)，还有一些女性被强制生活在"女巫营"(Camps de sorcières)里，这些人中有 70％是在其丈夫去世后被控告为女巫的。③

① 苏珊·法吕迪，《反冲》。
② 《女巫》(Les sorcières)，Hors-Serie. net，2015 年 2 月 20 日。
③ 《加纳的"女巫营"》(Au Ghana, des camps pour "sorcières")，*Terriennes*，TV5 Monde，2014 年 8 月 11 日，http：//information. tv5monde. com/terriennes。

在伦加诺·尼奥尼（Rungano Nyoni）执导的（故事片）电影《我不是女巫》（*I Am Not a Witch*，2017）中，赞比亚有一个类似的女巫营，这群"女巫"的背上系着白色长丝带，被拴在一个巨大的木制线轴上。她们背上的丝带大概有几米长，能严格地控制她们的活动范围。人们认为这个装置能阻止她们飞去杀人——不然她们能"飞到英国去"，有人这么说。她们如果弄断了带子，就会变成山羊。当地政府官员的妻子给树拉（Shula）——被当成女巫带到这个营地的小女孩——看自己当年用过的、现在已经没用了的那个线轴，并告诉树拉，她曾经也是个女巫。她强调，只有通过婚姻获得尊重，也就是绝对的恭顺与服从，才能在弄断丝带的同时不会变成山羊。

在巫术审判浪潮还未出现之前，15 世纪的欧洲曾出现过先兆性的事件，当时废除了贝居因修女（béguines）①的特殊地位，这些女性所形成的社区当时常见于法国、德国与比利时。其成员通常是一些寡妇，既没有丈夫但也不是严格意义上的修女。她们逃离了男性权威，在一个社区内生活。她们住在各自的小房子里，旁边有种着菜与草药的园子，往来无拘。艾琳·基纳（Aline Kiner）在她满含深情的小说里，还原了巴黎的王室贝居因修道院，其遗址至今仍在巴黎的马莱区（le Marais）。② 小说的主人公老妇人伊莎贝尔（Ysabel）是贝居因修道院的草药师。她的居所散发着"燃烧的木块与苦涩的草药"的气味。她有"一双奇特的眼睛，瞳仁既不是绿色也不是蓝色的，那双

---

① 贝居因修女（béguines）是一群生活在宗教团体内，但不受宗教保护或规则限制的女性，贝居因修会于 13 世纪在低地国家创立并受到欢迎，但在 14 世纪开始受到教会镇压。——译者注

② 西尔维·布莱邦（Sylvie Braibant），《〈贝居因修女之夜〉：一本讲述中世纪那些强大和自由的女性故事的书》（*La Nuit des béguines*，une histoire de femmes puissantes et émancipées au Moyen Âge, racontée dans un livre），*Terriennes*，TV5 Monde，2017 年 10 月 13 日，http：//information. tv5monde. com/terrienes。

眼睛能捕捉到天空的细微差别，她园子里的植物，在下雨时泛着阳光穿过水滴的亮泽"——她像是蓬蓬婆婆的姐妹一样。有些贝居因修女甚至是在院墙之外生活与工作的，比如让娜·杜·弗（Jeanne du Faut），她经营着一家丝绸店，生意还不错。她们体验着身体、智力与精神的全面盛放，与之形成对比的是当时被关在修道院内日益枯萎的成千上万名女性[19世纪时，将自己的女儿送进慈善圣母修女院的诗人泰奥菲尔·戈蒂耶（Théophile Gautier）有一天发现他的女儿身上散发着臭味；当他为她提出一周洗一次澡的要求时，修女们大感震惊，回答道："修女的梳洗只包括掸掸衣服上的灰尘而已。"①]。1310年，在格列夫广场（Place de Grève，位于现在的巴黎市政厅前），来自埃诺（Hainaut）的贝居因修女玛格丽特·波雷特（Marguerite Porete）因异端邪说罪被处以火刑，就此敲响了这些女性的丧钟。她们不容于世，遭到越来越多的白眼，因为她们"既不服从神父，也不服从丈夫"②。

今天，国家已不再以女巫之名组织公共处刑。但针对那些想要自由的女性的死刑在某种意义上转到了私人领域：比如有的女性被她的伴侣或前任伴侣杀死（在法国，平均每三天就会发生一次），原因常是她出走或宣布有出走的意愿。艾米丽·阿露安（Émilie Hallouin）就是这样，她被她的丈夫绑在了巴黎—南特的高速列车（TGV）的铁轨上，那天是2017年6月12日，是她的34岁生日。③ 而媒体报道这些谋杀案的方式，就像唤起人们对烧死女巫的火刑架的记忆一样庸俗。④ 关于

---

① 援引自吉·贝奇特，《上帝的四个女人》。
② 艾琳·基纳，《贝居因修女之夜》，Liana Levi，巴黎，2017年。
③ 迪迪乌·勒库克（Titiou Lecoq），《"她叫洛朗，24岁"：被伴侣谋杀的那年》（"Elle s'appelait Lauren, elle avait 24 ans"：une année de meurtres conjugaux），*Libération*，2017年6月30日。
④ 参见 Tumblr 网站账号 Les mots tuent，https://lesmotstuent.tumblr.com。

勒普莱西-罗班松(Le Plessi-Robinson)的某一男性将妻子烧死的事件，《巴黎人报》(*Le Parisien*，2017 年 9 月 23 日)用上了这样的标题："他放火烧妻子，却烧着了房子"，好像受害者只是件家具，又好像主要事件是房子着火。这名进行报道的记者似乎觉得这位丈夫笨拙得可笑。唯一可能让一起杀害女性事件得到应有重视的情况是杀人犯是黑人或阿拉伯人。但这时又要扯上种族主义，而不是保护女性了。

　　雷内·克莱尔(René Clair)于 1942 年推出的电影《我娶了个女巫》(*J'épousé une sorcière*)不仅是部好莱坞轻喜剧，还可被视为碾碎独立女性而进行的恬不知耻的狂欢。片中，维罗妮卡·莱克(Veronica Lake)饰演的詹妮弗和她的父亲因巫术被烧死在了 17 世纪的新英格兰。而到了 20 世纪，詹妮弗获得重生，打算报复当年控告他们的人的后代。但她误喝了给这个男人准备的药水，反倒爱上了他。从此之后，她的超能力就只用来帮她的男人赢得选举：典型的男人的白日梦。在赢得选举之后，当他回到家时，她急着帮他换上拖鞋，跟他说她打算放弃魔法，以便成为"知晓分寸的普通妻子"。说实话，在故事的一开始，这位在父亲监护下的(当时还没接受丈夫的监护)天真、任性又欢快的女巫就不是那种会吓倒法官们的不可控制的人。正是男性实体为她注入了生命。当她与父亲的灵魂重生时，她恳求父亲："父亲，给我一个身体吧！"因为她想要重新拥有"对男人扯谎的双唇，再折磨他"——这里的女巫形象加入了厌女群体的陈词滥调。父亲满足了她的愿望，给她造了个躯壳。这皮囊——正如送了她一件裙子的主妇所言——"娇小惹人怜"。一个漂亮的小尤物，如此轻灵优雅，之后的好莱坞还会制造更多的此类佳人：不占多大地方，穿着一件蕾丝花边的睡袍或是皮草大衣，以便更好地勾引未来的丈夫。后来，当她的父亲想要收回这身皮囊以惩罚她爱上凡人时，天选之子

（既赢了选举又赢了美人，双重意义上的天选之子）的一个吻让她活了过来，就像睡美人那样。最后，她在火炉边织毛线，身旁围着家人，看上去是个幸福的结局。这时她的小女儿已经开始骑着扫帚满屋子乱跑了。"我担心有一天她会给我们惹一堆麻烦。"她叹着气说道。但别担心：她会被制伏的，就像她的母亲一样。当然是通过"爱"，这"比巫术更强大"。女巫为嫁人而幸福地放弃巫术的故事，我们在电影《夺情记》①中又见到了一次。②

在乔治·米勒（George Miller）的电影《东镇女巫》（*Les Sorcières d'Eastwick*，1987）中，故事走向却大相径庭。这是发生在 20 世纪 80 年代新英格兰的一座小城镇里的故事，杰克·尼克尔森扮演的戴里尔·范·侯恩（Daryl Van Horne）——魔鬼的化身——宣称不相信婚姻："对男人有好处，对女人一无是处。她在婚姻中死去！她在婚姻中窒息！"当他第一次遇见埃里克桑德拉［Alexandra，雪儿（Cher）饰］时，对方告诉他自己是寡妇，他这样回答道："抱歉……但您现在可算是一位幸运儿了。当一位妻子摆脱她的丈夫或是一位丈夫离开他的妻子时，不管是因为死亡、抛弃还是离婚，女人这就是逃出生天了！她盛放了！像花，像果实，她成熟了。对我来说，这才是女人。"他搬入的城堡曾经发生过处决女巫事件，他对此也吐露了自己的看法："一见到强势的女人，男人的尾巴就耷拉下来了。那他们如何应对呢？他们就烧死她，折磨她，把她当作女巫，直到所有女人都害怕：她们既害怕自己，又害怕男人。"在戴里尔还未来到小城之前，三位女

---

① 《夺情记》（*L'Adorable Voisine*），是一部于 1958 年上映的电影，讲述了一名现代的女巫爱上住在她对门的书商的故事。——译者注

② 一开始的《神仙俏女巫》也是类似的情节；但至少，这部电视剧还透过角色恩多拉（Endora）提供了另一种对立的视角。恩多拉是剧中女主角萨曼莎的母亲，她对女儿的恭顺失望透顶，也看不惯女婿的傻里傻气。

巫——分别由雪儿、米歇尔·菲佛（Michelle Pfeiffer）与苏珊·萨兰登（Susan Sarandon）饰演——都不太敢相信自己拥有法力。然而，正是她们召唤了他。在一个雨夜里，她们一起喝着鸡尾酒，一边畅想着理想男性的样子，一边用自己的意念呼唤他。在结束前，她们还是叹着气地总结道，"男人不是一切的答案"，但也纳闷自己为什么总是将话题转到男人身上。在他突然闯入她们的生活之前，她们总是在自我压抑，自我约束，装作自己"只有原本自我的一半"，以符合父权社会与清教徒社会的各种规矩。而他却鼓励她们活出百分百的自己，让能量、创意与性感自由地释放。他出现了，这个超越一切普通男人的男人，一个她们不用担心会吓跑的男人。"来吧，我承受得住。"（I can take it.）他总是这么对她们说。在这里，电影不仅跳出了婚姻的框架，还告诉我们：爱与欲望不仅不会消灭女巫，还会让她们的法力大增。更重要的是，在电影的结尾，三位女巫都摆脱了亲爱的戴里尔·范·侯恩。这里，我们注意到有个关于魔鬼形象本身的悖论：这个所有无主之女的主人被甩了。文艺复兴时期的魔鬼学家无法想象有一天女性会完全独自自主，在他们看来，那些他们诬告为巫的自由女性也有另一种服从：她们必定是拜倒在魔鬼的黑袍之下，也就是说她们仍要屈从于某种男性权威。

不想被"消融"的女人：自己定义自己

但独立自主并不只限于单身女性或寡妇。已婚女性们也可以在丈夫的眼皮底下实现独立自主。这正是小说中所描绘的女巫夜行的寓意所在。她们溜下床，瞒着沉睡的丈夫，骑着扫帚去参加派对。虽然有悖于当时的男性自尊，但在魔鬼学家的妄想中，女巫夜行正如阿梅尔·勒·布拉-肖巴尔笔下所写的，"彰显了来去自由，不仅无需丈夫同意，还经常是在他不知情的情况下——如果他自己不是巫师的话，甚至还不利于他。女巫在腿间夹一根木棍或是一条凳子腿，声称这是她所缺少的男性特征的替代品。当她以这种方式虚构性地扭转了自己的性别后，她也跨越了女性的局限：她为自己争取到了自由活动的权利，这在社会层面上本是男性的特权。（……）女性在赋予自己这种自主权并躲过男性——后者通过支配女性才获得了自身自由——时，她就从他身上偷走了一部分能力：所以这场'飞行'（envol）是一种'偷窃'（vol）。"①

　　自主权并不是当今试图让人相信的"报复"威胁论。它并不意味着关系的缺失，而是可以建立关系，但这些关系必须尊重我们的完整性、我们的自由意志，让我们能全面绽放，而不是自我束缚。这种自主不拘泥于生活方式：无论是单身或非单身的，有孩子或没孩子的，都可以实现自主。帕姆·格罗斯曼（Pam Grossman）曾写道："女巫，是唯一通过自身来持有某种能力的女性原型。她不因其他人而被定义。妻子、姐妹、母亲、处女、妓女，这些原型都是在与他人构成关系的基础上形成的。女巫，是一个独立伫立于天地之间的女性。"②然而，在猎巫时期某种女性典范被大力推广，一开始是通过暴力，后来——随着19世纪建立起理想的家庭妇女形象——是通过谄媚、诱惑与威胁的巧妙结合。女性被一步步塑造为生育角色，她们的劳动参与权也渐渐变得非法了。从此，她们被置于某种尴尬的境地。在

①　阿梅尔·勒·布拉-肖巴尔，《魔鬼的妓女》。
②　帕姆·格罗斯曼，"前言"，收录于 Taisia Kitaiskaia, Katy Horan, *Literary Witches. A Celebration of Magical Women Writers*, Seal Press, 伯克利, 2017 年。

这一位置上，她们的身份总是处于被混淆、萎缩与吞噬的危险中。所谓的典范阻止了她们活出自我，以使她们成为所谓女性特质的代表。1969 年，在纽约，WITCH 组织以放一群老鼠的方式搅黄了一场婚礼沙龙。[①] 其中有条标语愤然写道："一朝为妻，再难为人。"

时至今日，结婚生子的女性们如果不想成为"消融的女人"，就必须时时刻刻地使出全力抵抗。"消融的女人"这一说法来自柯莱特·科斯涅（Colette Cosnier）。当时她正在看由贝尔特·贝尔纳什（Berthe Bernage）所写的"布丽吉特"（*Brigitte*）系列小说——这是自 20 世纪 30 年代起就一直连载、长达 40 卷的女性视角作品。小说的女主人公在第一卷中还是个 18 岁的姑娘，到最后几卷中已是曾祖母的年纪。柯莱特·科斯涅认为，该小说的作者想要"构建一套关于现代生活的契约，以供年轻女孩、妻子与母亲参照使用"。所以，当布丽吉特温柔地望着自己的孩子们时，贝尔特·贝尔纳什这样写道："有一天，洛斯琳（Roseline）也将融入另一个家庭中，而他呢，在角落里攥着小拳头的小男子汉呢，有一天也将成为一个真正的男人。"[②]我们也许会认为自己离这样一个保守的世界还有几英里远（虽然没有明说，但这样的布丽吉特，在战争期间肯定是贝当主义者[③]，有时还会是个反犹分子）。然而……在传统一夫一妻制的家庭内部，妻子的需求总

[①] 正如多年之后再回看交易所事件时的态度一样，罗宾·摩根严厉地批判了这次投鼠示威活动。因为扔老鼠这一行为不仅"吓坏并羞辱了那些宾客与在场的母亲们，还吓坏并羞辱了老鼠本身"。摘自罗宾·摩根，《关于 WITCH 的三篇文章》，收录于 *Going Too Far*。

[②] 柯莱特·科斯涅，《元帅，我们来了！贝尔特·贝尔纳什的布丽吉特》，收录于 Christine Bard（dir.），Une siècle d'antiféminisme。

[③] 贝当主义者（pétainiste），指向敌人投降，与敌人合作的卖国求荣者。贝当（Henri Petain，1856—1951），是法国的陆军元帅、军事家、政治家，也是维希法国时期的国家元首。在第二次世界大战中，面对德国的入侵，贝当主张投降，成为傀儡政府的元首，镇压法国国内的爱国力量。——译者注

是在丈夫与孩子的需求面前被抹杀。"女人们心照不宣的好母亲标准就是把自我消融在别人的生活里。"社会学家奥尔纳·多纳特(Orna Donath)这样写道。[1] 在最新派的夫妻身上，即使这条古老的逻辑不再成立——这不太可能发生——但一旦有了孩子，这条逻辑就神奇地生效了：所有的家庭重担都落到了母亲的肩上。30 多岁的记者与作家迪迪乌·勒库克(Titiou Lecoq)说自己以前从未担心过性别歧视："直到，啪嗒一下，我有了孩子。之前我只是绝对的'自我'，但我现在明白了成为女人意味着什么——不巧的是，我也成了其中的一员。"不仅女性自我认知的很大一部分受到了家庭角色与母亲角色的打压，而且她们还承担了育儿过程中吃力不讨好的那部分。迪迪乌·勒库克在研究该主题后发现："只有孩子们的游戏活动和社交活动是男女共享的。"她又评论道："现在我理解那些爷们儿了。我自己也觉得，与其费劲儿地挑选那些小衣服，还不如和孩子们在森林里散步更有趣。"[2]

在母亲身份里的自我消融仍抵不过教育任务与家务问题。美国诗人与散文家艾德里安·里奇(Adrienne Rich)回忆道，当她于 1995 年第一次怀孕时，不再写诗，甚至不再看书了，只一门心思上缝纫课："我给孩子的卧房缝了一些窗帘，制作了一些婴儿睡衣，给自己尽可能多地抹上防妊娠纹的乳霜，希望自己还能恢复到几个月之前的样子。(……)我感觉自己被大家当成了一名纯粹的孕妇，于是我也把自己当成了一名纯粹的孕妇，这让一切更轻松，也不那么让人操心

---

[1]　奥尔纳·多纳特，《后悔当妈：一项研究》(*Regretting motherhood. A Study*)，North Atlantic Books，伯克利，2017 年。

[2]　迪迪乌·勒库克，《解放：女权主义者在脏衣篮面前赢得了斗争》(*Libérées. Le combat féministe se gagne devant le panier de linge sale*)，Fayard，巴黎，2017 年。

了。"她身边的人都很坚决地让她专心当孕妇，不要分心当作家。所以，当她本该去新英格兰一所著名的男子学院为自己的诗歌做专题讲座时，那所学校的教授得知她已有七个月身孕后毅然取消了这次邀请。这位教授认为她当时的状态"会让这群男孩子无心听她的诗歌"。[1] 2005 年，小说家艾莉叶·阿贝加西在其小说《一件幸福的事》中，就写到了这种鱼与熊掌不可兼得的偏见倾向。有天早上，当时处在怀孕早期的叙事人与她的论文导师有约。她灰心丧气地想道："就算是依靠某种奇迹，我真的能起来，我该如何以这副样子去见他呢？之前与他建立平等的关系就够困难的了。我要扯什么谎才能为我现在的变化辩解呢？"[2]说得就像怀孕的荷尔蒙会抑制大脑正常运行似的，抑或是想要做到既能思考又能生孩子就算大逆不道似的。

　　这种反应正好对应了 19 世纪的医生们提出的"能量贮存"理论：当时的人们认为，人体的器官与功能会互相争夺体内有限的运行能量。于是从那时起，其最高使命被认定为生育的女性们就该"将能量保存在体内，保存在子宫周围"，芭芭拉·艾伦赖希（Barbara Ehrenreich）与迪尔德丽·英格利希（Deirdre English）这样解释道。女人们身怀六甲时，会被要求平躺并避免一切其他活动，尤其是智力活动："医生与教育学家一拍脑门就得出的结论是，高等教育可能对女性健康有害。他们警告说，大脑过于发育，会让子宫衰退。要让生殖系统发育良

① 艾德里安·里奇，《女人所生：成为母亲既是一种经历也是一种制度》（Naître d'une femme. La maternité en tant qu'expérience et institution），由 Jeanne Faure-Cousin 译自英文版（美国），Denoël/Gonthier，"Femme"，巴黎，1980 年。
② 艾莉叶·阿贝加西（Éliette Abécassis），《一件幸福的事》（Un heureux événement），Albin Michel，巴黎，2005 年。

好，就不能让智力好好发展。"①至今仍充斥在我们周遭的离谱臆测不是正出自这种支持贬低女性社会地位的歪理邪说吗？这种对女性身体的古老空想妄论仍在助长对女性的社会降级——不管是直接还是间接——这严重打击了各位母亲：人们将她们当作略显柔弱的理想原型的化身来加以颂扬，却拒绝将她们视作独立的人。

前面我们提过，崔西·麦克米伦曾建议吞忍怒火，因为这样才有人敢娶你。对愤怒的审查在抹煞女性的自我中发挥了重大作用。"女性的愤怒会直接影响母性的发挥。"艾德里安·里奇如此写道。她直接援引了《小妇人》里的母亲马尔梅（Marmee）对女儿乔（Jo）说的话："乔，我这一辈子几乎每天都在愤怒中。但我学会了不表露出来，我还希望之后能学会感受不到愤怒。虽然这可能又得花上40年的时间。"因为母亲这个"岗位"就是要保证家庭氛围的平和与安宁，既照顾家中其他成员的温饱，也要关心他们的情感需求。"她个人的恼怒就显得名不正言不顺了。"②今天，我们提倡非暴力教育。必须尊重孩子，不能给他们造成心理创伤。"必须做出改变，在任何情况下，都要努力为他们维持干净和友善的语言环境，保持话语的文明。不粗俗，不偏不倚，通情达理。"科琳娜·迈尔（Corinne Maier）在她的檄文《没有孩子》中这样讥讽道。③ 当我还是小女孩的时候，我很怕被妈妈责骂。如果她像法国国家铁路公司（SNCF）的高音喇叭那样对我说话，我会更害怕。"现代有个悖论：要帮助孩子成为一个独立的个

---

① 芭芭拉·艾伦赖希、迪尔德丽·英格利希，《脆弱或传染性强的女人们：医疗权力与女性身体》（*Fragiles ou contagieuses. Le pouvoir médical et le corps des femmes* [1973]）Marie Valera，译自英文版（美国），Cambourakis，"Sorcières，巴黎，2016 年。
② 艾德里安·里奇，《女人所生》。
③ 科琳娜·迈尔，《没有孩子：40 个不生孩子的理由》（*No kid. Quarante raisons pour ne pas avoir d'enfant*），Michalon，巴黎，2007 年。

体，却并没有让女性也成为活出自我的个体，而是让她们回归母亲的身份，剥夺了她的个体性。必须要跳出这个悖论。"迪迪乌·勒库克这样分析道。[1]

　　在工作领域，女性也有被"消融"的风险。这里同样有束缚，同样有针对女性的刻板印象，比如打压女性看护者——乡下的治疗师或官方认证的女性治疗者——和在医界建立男性垄断，这种现象一开始是出现在文艺复兴时期的欧洲，后来又传到了 19 世纪末的美国，可以此为典型进行分析：当女性被允许重回医疗岗位时，只能作为护士出现，也就是说她们处于科学"巨人"的助手这一从属地位，这是根据她们的"天性"给她们分配的职位。[2] 如今在法国，很多职业女性不仅是从事兼职工作（占职业女性总数的 1/3，而男性从事兼职的人数仅为职业男性总数的 8%[3]）——这不算完全的经济独立——也就是说不算独立，而且她们从事的职业都被局限在与教育、照顾孩子与老人相关的行业，抑或只是助手的职位："近一半的女性（47%）总是集中在十来个工种之内，比如护士（87.7%）、家政或育婴保姆（97.7%）、护工、秘书或教师。"[4]然而，西尔维娅·费德里希指出，在中世纪时，欧洲女性和男性一样可以从事许多职业："在中世纪的城镇里，女人们可以做铁匠、屠户、面包师、烛台匠、帽匠、酿酒师、羊毛梳理工或者是小商贩。"在英国，"85 个行会中，有 72 个都有女性从业

---

[1]　迪迪乌·勒库克，《解放》。
[2]　芭芭拉·艾伦赖希、迪尔德丽·英格利希，《女巫、助产士与护士》。
[3]　茱莉亚·布兰奇通（Julia Blancheton），《三分之一的女性从事兼职工作》（Un tiers des femmes travaillent à temps partiel），*Figaro*，2016 年 7 月 8 日。
[4]　《职业中的男女分布：出自法国劳工部下属调查研究统计协调局》（Répartition femmes/hommes par métiers：l'étude de la Dares），由负责男女平等的国务秘书处发布，2013 年 12 月 13 日，www.egalite-femmes-hommes.gov.fr.。

者"，并且其中有几个行会，女性占主导地位。① 所以，20 世纪开始的这场较量不是女性的攻城略地，而是收复失地。这场光复依然任重道远：女性仍被视为工作领域的僭越者。心理学家玛丽·博赞（Marie Pezé）认为女性所处的从属地位与她们所遭受的骚扰与侵犯有直接联系，"只要女性命运中的这种贬低没有被迎头痛击，我们就什么问题也解决不了。"她总结道。②

"服务"的本能反应

即便有能力从事某些有声望的职位或某项创造性的工作，女性也会因为心理障碍或身边没人鼓励而中止冒险尝试。于是，她们宁愿以间接的方式实现职业志向，在男神、朋友、雇主或伴侣身边扮演顾问、"小助手"或配角，一直遵循着医生/护士的老套路。某件 T 恤衫上的女权标语就旨在打破这种心理阻断："去成为你爸妈想让你嫁的医生吧"。在科学的历史上以及艺术的历史上，曾有许多男性窃取了其女性伴侣的劳动成果——比如斯科特·菲茨杰拉德（Scott Fitzgerald），他在自己的书中就用了他的妻子泽尔达（Zelda）的文字。而等到泽尔达自己要出一本文集时，就只能署名为：作者的妻子。③ 但我们也从中看到，女性自己在心中默默接受了这类二把手或助手

---

① 西尔维娅·费德里希，《卡利班与女巫》。
② 拉希达·艾尔·阿祖基（Rachida El Azzouzi），《玛丽·博赞说："性暴力与性别歧视在我们社会根深蒂固"》（Marie Pezé："Les violences sexuelles et sexistes sont dans le socle de notre société"），Mediapart. fr.，2016 年 5 月 12 日。
③ 援引自南希·休斯顿（Nancy Huston），《创造日报》（*Journal de la création*），Actes Sud，阿尔勒，1990 年。

的身份设定。

艾丽卡·容笔下的女主角伊莎多拉·温的母亲也曾提醒女儿警惕那些艺术家或有抱负的艺术家，因为她母亲本人就付出了沉重的代价。伊莎多拉是这么说的："我祖父之前就常在我母亲的画上再作画，而不去自己买新画布。为了躲过祖父的魔爪，有一段时间，我的母亲将爱好转向了诗歌。但后来她碰上了父亲。他自己写诗歌，会从母亲那里偷几个诗歌意象放到他自己的诗节里。"至于伊莎多拉自己，不管她多么真诚又深切地渴望写作（"我想重生，在写作中建立自己的新生活"），她仍深深地怀疑自己。在小说的最初两版草稿中，叙述者都是男性视角的："我单纯觉得，人们是不会理会一个女人的观点的。"所有她熟悉的话题在她看来都很"平庸""过于女性化"。而她也不大指望身边的人能对她表示出热诚的鼓励。她的姐姐，同时也是 9 个孩子的母亲，觉得她的诗歌"淫荡"又"露骨"，还指责她"不生孩子"："你活得就像写作才是世上最重要的事！"当《怕飞》于 40 年后，即 2013 年再版时，艾丽卡·容在书的后记中承认，即使这本书已经卖了两千七百万本，翻译成了几十种语言，还筹划改编成电影，但她仍觉得自己"骨子里是个诗人，只是有个写小说的恶习"①。但不管怎样，书还是出了，带着它的女叙述者与"女性化的"主题；无数女读者在其中找到了自己的影子，无数男读者也欣赏这部作品。它既象征着伊莎多拉与艾丽卡的胜利，也象征着她们终于战胜了自己的怀疑、心结与恐惧，因为她们一度担心自己永远无法找到并发出自己的声音。

说回我自己，我想起十几年前，有一位我很欣赏的哲学家建议我

---

① 艾丽卡·容，《怕飞》。

们合出一本我与他的访谈集，当时我的脑海中出现了一种绝境中扣动扳机的声音——这事对他来说挺划算，因为是我来写。他说了些女权主义的话：比如我不能自我否定吧？比如我还没有意识到这是最锻炼我的机会等。但当他对我说："你知道吧，到时封面上也会有你的名字哦，不只有我的。"他那施恩般晦暗不清的语气让我一激灵。我感觉我的额头上闪烁着"母鸽"这个词语——柔顺又服从。又过了几天，他打电话给我：说他遇到了一位老朋友，是一位知名媒体人，他们还把谈话录了下来，想以此为素材写书。他想知道我"是否乐意"把它转录为文字。当我有点儿干巴巴地回答"呃……，不"时，他赶紧接着说："没事儿，没事儿！这事儿看你高兴！"他赌了把，觉得以我对他作品的热情，再加上我的女性服务意识与低人一等的卑下感，就能把我变成任人驱使的志愿秘书——他差点儿就赌赢了。完全冷静下来后，我拒绝了之前共同出书的计划。相反，我倒出了一本书，封面上只有我的名字。

　　但如果你拒绝自我牺牲或想要追求自己的梦想，那你马上就会招来一波谴责。如果你的叛逆是出现在工作上，那别人就会指责你自负、个人主义，只顾自己飞黄腾达，想要的太多。马上会有一堆男人来跟你鼓吹爱岗敬业的伟大：这份事业大过你个人，你会从这份无私奉献中获得更大的满足感——虽然他们自己极少这么做，但好歹他们听人这么说过。好巧不巧的是，为这份事业卖力通常会演变为替他们的职业生涯卖命。而这种胁迫奏效了，更何况当这些男人开始写作、创作或拍电影，总之不论投入什么样的宏图伟业时，他们的身上都自带着一股无形却又笃定的理直气壮与威风凛凛，想挑战这样的男性是非常困难的。

　　如果你是在家里反叛，拒绝围着孩子来安排生活，那你就是个泼妇，是个坏妈妈。在这里，人们同样奉劝你抛却小我，并且鼓吹母性的至高无上的影响，它会明显改变女性特质中以自我为中心的倾向："只有生了孩子，女人才不再只想着自己"，某位年轻的美国女性这么说道。① 少不得还有人会跟你说"没有人强迫你生孩子"，但是避孕与堕胎的权利又被认为会妨碍"好"母亲标准的强化②，说得好像对"好"父亲标准的强化就没多大影响似的，这很奇怪，因为他们也参与了生育的决定。好多育儿金句首先都是针对母亲来说的，比如："孩子生出来不是为了给别人养。"这话没错，但生孩子也不是为了让女人一直围在孩子身边，放弃个体发展的其他面向。并且养育孩子，也可以是给他们提供一个自我平衡的成年人形象，不过度异化也不过于沮丧。③ 最终，还是有些女人会被当作惯坏了的孩子，没有经历人生挫折的温室花朵。然而，艾德里安·里奇强调："不要把母性机制与生孩子、养孩子混为一谈，也不要把异性恋机制和亲密、性爱混为一谈。"④

当西蒙娜·德·波伏娃（Simone de Beauvoir）的《第二性》（*Le Deuxième Sexe*）面世时，评论家兼作家安德烈·卢梭（André

---

① 援引自帕姆·休斯顿，《"什么都想要"的麻烦》，收录于 Meghan Daum（dir.），*Selfish, Shallow, and Self-Absorbed*。

② 参见娜塔莉·巴乔斯（Nathalie Bajos）、米歇尔·菲朗（Michèle Ferrand），《避孕：男性统治的真正或象征性杠杆》（La contraception, levier réel ou symbolique de la domination masculine），*Sciences sociales et santé*，第 22 卷第 3 期，2004 年。

③ 当然，矛盾的禁令也适用于此。2010 年，洛特省（Lot）的奥迪尔·特里维斯（Odile Trivis）被迫与她独自抚养的三岁儿子强制分离，因为她与儿子之间的关系"过度亲密"。尽管她这么做情有可原——她在怀孕时既遭遇了与孩子父亲的分手还患上了癌症——但这些理由显然已超出法理。是不是可以说，一旦母亲过度投入自己的角色中而没有惠及伴侣，就应该备受指责呢？ 参见安东尼奥·佩兰（Antoine Perrin），《一个母亲被迫与自己的儿子分离，因为她太爱他》（Une mère séparée de son fils car elle l'aime trop），BFMTV.com，2010 年 12 月 28 日。

④ 艾德里安·里奇，《女人所生》。

Rousseau)感叹说："如何才能（让女人）明白：彻底地奉献自我才能有无尽的充实感？"①直到 20 世纪 60 年代，在纳丹出版社（les éditions Nathan）出版的《女性百科》（l'Encyclopédie de la femme）中，蒙萨拉博士（Dr. Monsarrat）还是以这样的措辞谈到对女孩子的教育："她必须以最无私的态度来做事情。女性在生活中的角色就是为周遭献出一切：舒适、欢乐、美丽；保持微笑，没有抱怨，没有脾气，没有疲态。这是项艰巨的任务。要让我们的女孩子练就这种一以贯之且甘之如饴地抛却自我的本领。1 岁时，她就得自发地知道去分享玩具、糖果，把她身边的东西都给出去，特别是她最爱不释手的。"②一位当代的美国作家说出了连自己都感到迷惑的行为：自从她做了母亲后，每次吃饼干时，她总是吃饼干碎，而把完好的饼干留给丈夫和女儿。③ 1975 年，有个为反对"奴仆式当妈"而成立的法国团体喀迈拉（Les Chimères）④曾指出，就连艾芙琳·苏尔罗（Evelyne Sullerot，1924—2017）这样的女权斗士都把她的孩子还小的那段时光说成是她"自证其身"的几年。⑤ 女人们总抱有这样一个信念：活着的理由就是服务他人。而当她们不能生儿育女时，这进一步增加了她们的痛苦。20 世纪 90 年代初，有个叫马丁娜（Martina）的墨西哥裔美国女人，当得知自己出于医疗原因必须摘除子宫时，她哭着给母亲打电话："我觉得，从此以后，大家就彻底把我当成废人了。我之前就没给

---

① 援引自西尔维·沙普隆（Sylvie Chaperon），《痛骂"第二性"》（Haro sur le Deuxième Sexe），收录于 Christine Bard(dir.)，Une siècle d'anti féminisme。
② 援引自艾瑞卡·弗拉欧，《独立生活》。
③ 珍赛·顿（Jancee Dunn），《女人总是被设定为奉献终生》（Women are supposed to give until they die），lennyletter.com，2017 年 11 月 28 日。
④ "喀迈拉"，又译"奇美拉"，是古希腊神话中的怪物。本义是希腊语中的"母山羊"。——译者注
⑤ 喀迈拉，《奴仆式当妈》（Maternité esclave），10/18，巴黎，1975 年。

他(她的丈夫)把家里打扫得亮堂堂的,甚至还是他做饭。现在,我连孩子也没法给他生了!"①

人们唯一能想到的女性宿命就是献出自我。或者更确切地说,献出自我的途径就是放弃一切自我创造的潜能,而不是发挥那些潜能。因为毕竟,幸运的是,我们可以通过挖掘自己的独特性,施展自己的个人抱负来充实我们周边的人,不管是当下的还是未来的。或许这也是我们唯一能追求的自我奉献方式了吧,因为这尽可能好地安置了我们灵魂中不可消减的自我牺牲的那股能量——如果真存在这能量的话。与此同时,对我们潜能的浪费仍在持续。"一个'真正的女人',是一座欲望之墓、梦碎之墓、幻灭之墓。"喀迈拉组织这样写道。② 女人们,经常不怎么相信自己,不怎么确信自己的才能。不怎么笃信有权为自己而活的女人们是时候学着在污名化与恫吓面前捍卫自我了,是时候认真对待自己的鸿鹄之志了,也是时候在面对男性权威企图将她们的能量化为己用时不屈不挠地坚持自己的理想了。"请你们永远选择你们自己。"艾米娜·索乌(Amina Sow)说道。她是丽贝卡·特雷斯特遇到的一位从事数字信息系统方面工作的女性。"如果你把自己放在首位,你会走出一条非同凡响的人生道路。当然,人们会说你自私。但不是这样的。你有能力,你有梦想。"③

在中上阶层,许多母亲都放弃了充分施展自己所学的机会,以便全身心投入到对下一代的教育中,她们还想着要让自己的孩子们得到最好的教育。这种忘我本身就是矛盾。为了孩子的成功与发展而

① 援引自马尔蒂·S. 爱尔兰(Mardy S. Ireland),《重构女性：将母性标签与女性身份剥离》(*Reconceiving women. Separating Motherhood from Female Identity*),Guilford Press,纽约,1993 年。
② 喀迈拉,《奴仆式当妈》。
③ 丽贝卡·特雷斯特,《所有单身女郎们》。

倾注的时间、金钱与精力透露出——至少是隐秘地透露出——她们对孩子成就大事的期望。许多心理学家、作家与教育家都建议要发现并帮助那些天赋异禀或"高潜力"的孩子，这也反映出这份期许无处不在。由此我们可以推断，在实现自我的重要性与需要认可的合理性方面，存在广泛的认同。当然，我们付诸努力的对象不仅有小男孩，还包括小女孩。没有人会差别化对待：我们又不是在 18 世纪。然而，当这些小女孩将来有了自己的孩子后，我们之前倾注的一部分资源很大可能会付诸东流。当她们成年时，突然间就像变戏法一样，每个人都觉得，现在对于她们来说，成就自己不再是人生中重要的事情了，重要的是在家庭生活方面的成就，这让人觉得之前为了她们的教育而忙碌只是为了折腾她们的母亲。保证自家孩子未来成功的大任就这样落在了她们的肩上。倘若她们想兼顾家庭生活、个人生活与职业生活，她们就要遭受当妈之后的不公正对待，而与此同时，当爸却一点儿也不影响男人的职业生涯或远大抱负。总之，如果想做到逻辑上的前后一致，要么就放缓对女孩的教育，要么就在对其培训中加上一门严肃的游击战训练课，教她们如何应对男权，同时积极改变现状。

"母性镣铐"

当然，什么也不能阻止一个女人一面生孩子，一面在其他领域实现自我。而且，这样的女人们甚至会得到热烈的鼓励：你们终于勾选了人生清单上重要的一项——成为母亲，我们的公序良知与自恋的人类集体都会为你们高兴。我们不愿承认自己首先将女性视为生育者。("祝您'真正的'项目好运！"一位魁北克大学的教员对另一位怀孕的教员这样喊道。[1])但此时，你关注的是如何拥有充沛的精力、良好的组织力、强大的抗疲乏能力；你关注的是如何不嗜睡、不犯懒，不讨厌按点上班，如何能多线作业；还有一群女作家絮絮叨叨地刺激你的神经，标题是这样的："鱼与熊掌要兼得"或者"如何既生了孩子又不迷失自我"。[2]"协调"之道也喂饱了一众编辑人员；协调得好的佼佼者，还会接受博客与女性杂志专栏的采访——我曾经看到过一位单身父亲被邀请谈谈自己的日常；还有一次，采访对象是一位同性恋母亲。但绝大多数情况下，被提问的对象都是异性恋女性。这也可以理解，因为确实是她们在这方面遇到的困难最多。[3]但这也让这一状况变得习以为常，从而掩盖了这一现象背后深刻的社会不公。这会给人一种错觉，认为这种复杂局面没有什么外部因素影响，一切取决于她们以及她们自己的组织力。这就为那些处理不好此类状况的女性平添了几分罪恶感，让她们认为：问题出在自己身上。

几年前，作家娜塔莎·阿巴娜（Nathacha Appanah）因为一个电台节目而采访了她的三位巴黎女同行与两位男同行，让他们聊聊自己的工作。她说，男性们，一个与她约在圣心（Sacré-Coeur）广场，另一个约在美丽城（Belleville）的一家咖啡馆。而采访的女性都把见面地点定在了家里："当我们在谈论她们写的作品，谈到创作的起源、写

---

① 援引自露西·朱贝尔（Lucie Joubert），《童车的反面：对母性的外部审视以及泛谈》（*L'envers du landau. Regard extérieur sur la maternité et ses débordements*），Triptyque,蒙特利尔,2010 年。

② 娜塔莉·鲁瓦舟（Nathalie Loiseau），《鱼与熊掌要兼得》（*Choisissez tout*），Jean-Claude Lattès,巴黎,2004 年；以及艾米·理查兹（Amy Richards），《选择性加入：生孩子且不失去自我》（*Opting in. Having a child without losing yourself*），Farrar, Straus and Giroux,纽约,2008 年。

③ 至今还没有关于同性伴侣之间家务如何分配的研究。

作时的仪式感与自律时，其中一位当时刚把碗洗完，给我沏了杯茶；到了另一位那里，她一边收拾着满客厅乱扔的玩具，一边注意着放学的时间到了没。她跟我说，就为了能写点儿东西，她每天早上5点醒。"那时，娜塔莎还没有孩子，享受着充足的自由。当她自己成为母亲后，她也体验到了这种"时间零碎化"，"在看孩子的临时保姆突然取消约定和思路卡在小说第 22 页之间的头脑体操"。"我花了好几个月寻找从前那个我，那个更集中、更高效的我。"她承认道。有次她和一位有三个小孩还四处旅行的作家聊天，问他是如何做到的。他回答说是"运气很好"。她评论道："我猜，这是用一种时髦的方式在说'我有一个好老婆'。"她统计了一下："弗兰纳里·奥康纳(Flannery O'Connor)、弗吉尼亚·伍尔夫(Virginia Woolf)、凯瑟琳·曼斯菲尔德(Katherine Mansfield)、西蒙娜·德·波伏娃(Simone de Beauvoir)都没有孩子。托妮·莫里森(Toni Morrison)有两个孩子，在 39 岁时出了自己的第一本小说。佩内洛普·菲茨杰拉德(Penelope Fitzgerald)有三个孩子，在 60 岁时出了自己的第一本小说。索尔·贝娄(Saul Bellow，男)有几个孩子，也出了几本小说。约翰·厄普代克(John Updike)也有几个孩子，也出了不少小说。"[1]

她并没有细讲她遇到的那些人是否属于以写作为生的那一小撮作家。然而，当自我成就是有偿工作之外的一项活动，而非有偿工作本身时，自我实现就变得更加困难了。诚然，成为母亲的体验也会激发创意；但仍需满足物质条件才能最终让作品面世，而这并不是每个人都能拥有的：这里存在着巨大的职业、家务、财政资源、健康与精

---

① 娜塔莎·阿巴娜，《女性的秘密小人生》(La petite vie secrète des femmes)，*La Croix*，2017 年 5 月 18 日。

力方面的差异。36 岁生了女儿且自认为喜爱母职的艾丽卡·容在自传中也嘲讽"才女人生中的二选一"：一边是孩子，一边是书。[1] 很长一段时间内，她都认为二者不能两全。但或许因为她是个畅销书女作家，而不是在糊口营生之外的夹缝下努力磨炼自己才华的普通人，才有底气对这种两难的抉择嗤之以鼻。

英国小说家珍妮特·温特森（Jeanette Winterson）在 1997 年公开说过："如果我是个异性恋者，那我就不会有今天在英国文坛的地位。虽然这事给我惹了不少麻烦，但是虱子多了不怕咬——我还真无法想象一个女文人在完成她想要的作品的同时，还过着寻常的异性恋生活，生一堆孩子。这样的女人存在吗？"她解释说，她在年轻的时候，也同几个男人交往过，但总是"本能地"避免长期关系以捍卫自己的志向。"关于女人如何和男人一起生活，如何养育孩子，又如何完成她们想要的作品的问题，从没有被老老实实地正面回答过。"[2]

然而，有一些女性，不管她们是否与男人一起生活，不管她们是否感受到了使命的召唤，她们都找到了另一种方式来避免自己被淹没在忠诚的女仆这一角色中：不生养孩子；成就自我，而非传递生命；创造一种省略母亲属性的女性身份。

---

① 艾丽卡·容，《对年龄的恐惧：不要害怕我们的 50 岁》（La Peur de l'âge. Ne craignons pas nos cinquante ans[1994]），由 Dominique Rinaudo 译自英文版（美国），Grasset & Fasquelle，巴黎，1996 年。
② 援引自 *The Paris Review*，第 145 期，1997 年冬。

第二章

不育之欲：无子，也是一个选项

"当你真正意识到我们这个社会将做母亲这件事变成了什么之后，逻辑上唯一说得通的态度就是拒绝母职，"40 年前，喀迈拉组织就这么写过，"但事情远没有这么简单，因为如果这么做，你就拒绝了一项重要的人类体验。"① 对于艾德里安·里奇来说，做母亲作为某种成规，很明显地"将女人放到了某个隔离区，削弱了女性的潜能"。作为第一批诚实记录做母亲的情感矛盾的女作家之一——里奇有三个儿子——她说过："这种情感冲突就像无底深渊，让人挣扎在捍卫自我与母性召唤之间，很可能呈现为（在我这里的状况就是）切实的痛苦。但这种痛苦还不及生产疼痛等级中最小的那种。"② 而科琳娜·迈尔呢，她没有这样的烦恼："您想要平等？那先别生孩子了。"③ 换言之，肚子要罢工：早在避孕合法化被通过之前，在（男性间的）争论中就透出了这份巨大的恐惧，同时也是一种奇怪的承认——因为毕竟，如果做母亲真如我们社会上所说的是一个放之四海而皆准的美妙体验，为何女人们要绕道而行呢？

---

① 喀迈拉，《奴仆式当妈》。
② 艾德里安·里奇，《女人所生》。
③ 科琳娜·迈尔，《没有孩子》。

从此之后，那些没有生育渴望的女性享受到了切实的利益。她们省去了里奇所说的自我撕扯的工夫，发现心头上那几块大石中有一块神奇地消失了。或许那并不是阻碍平等的最大障碍（也不是对于所有人来说都是心中大石），但总能迎来心里的一阵轻快。有一位确定自己不要孩子、做了输卵管结扎手术的年轻女性，回忆起术后第一次性事时的兴高采烈，以及"无限的自由感"："我记得当时在想，'原来这就是男人们感受到的！'我再也不会变成大肚婆了。"①

在欧洲，自从猎巫时代起，政治势力就开始抓着避孕、堕胎与杀婴这几个话题不放。② 这三个主题——即使第三个不与前两个放在同一层面来讨论——经常成为进行抗议的利刃，抗议的主题有时是针对女性开出的条件，有时是整体的社会良俗。在托妮·莫里森的小说《宠儿》（*Beloved*，1987）中，女主人公塞斯（Sethe）杀死了自己刚出生的小女儿，因为不想让她背负为奴的一生。玛丽斯·孔戴（Maryse Condé）为 1692 年塞勒姆女巫事件中被控告的奴隶蒂图芭（Tituba）写了一部小说。③ 在这部小说里，女主人公发现自己怀了心爱的男人——约翰·印第安（John Indien）——的孩子后，决定打掉。他们两人当时都从属于邪恶的牧师萨缪尔·帕里斯（Samuel Parris），觉得自己迷失在了这冰冷的马萨诸塞州，周围都是充满敌意与恶意的村民。"对于一个女奴来说，做母亲不是一种幸福。蒂图芭这样说道。这等于将一个无辜的小生命放逐到了一个无力改变命运的充满奴役与卑鄙的社会。在我的整个童年时期，我一直能看到一

---

① 援引自丽贝卡·特雷斯特，《所有单身女郎们》。

② 在美国，避孕与堕胎在 19 世纪末被禁止。避孕是在 1965 年，堕胎是在 1973 年。

③ 玛丽斯·孔戴，《我、蒂图芭、塞勒姆的黑人女巫》（*Moi，Tituba sorcière...*［1986］），Gallimaard，"Folio"，巴黎，1998 年。

些女奴杀死自己的新生儿。她们将一根长刺扎进婴儿那软乎乎的脑袋，或者用有毒的刀片切断他们的脐带，又或者是趁着夜里把他们抛到恶鬼出没的地方。我听到她们交流药方，那些做出来的药水、洗剂或注射剂能够让子宫永久绝孕，让子宫变成铺着猩红色裹尸布的坟墓。"当她被诬告为女巫时，约翰·印第安乞求她招供出他们要她供认的人，让她尽一切可能保住性命，为了他们将来的孩子。她朝他喊道："我永远不会在这没有光的世上生孩子！"在她出狱之际，当铁匠一锤砸断戴在脚踝和手腕上的锁链时，她嚷道："没几个人能走这霉运：出生两回。"当得知自己又将被卖给一位新主人时，她开始"认真怀疑"那个教给她一切的老女巫常对她说的一句话：生命是个礼物。"生命是个礼物的前提是，我们每个人都能选择降生在哪个肚子里。急匆匆投生到某个穷苦的、自私的或年纪尚轻的女人腹中，重蹈上一辈人的倒霉覆辙，加入被剥削、被辱骂的一方，还要被强迫接受某个名号、某种语言、某些信仰，啊，这是何等的苦难！"面对她所经历的没有尽头的暴行，她开始"想象生命有另一条轨道，有另一种意义，有另一件要紧事"。她想着："生命该有另一种滋味。"但是，母亲的身份仍让她生出矛盾的情绪；她犹豫了，怀疑自己的抉择。她回到了故乡巴巴多斯岛（Barbade），重新成为一名自由的疗愈师。她远离人群，独自居住在一个临时小屋里。当看着刚刚救治的小女婴静静地躺在她母亲的怀中时，她担心自己之前拒绝成为母亲是错误的选择。当再次怀孕后，她决定留下这个孩子，但她要行动起来，让这个世界在新生儿到来前有所改变。可以想见，这种对抗并不会给她带来什么好处。

　　如今，在各种惊惶或绝望中犯下的杀婴事件引起了全社会的恐慌。人们将杀婴的女人看成怪物，不愿追问是何种情境逼她走向了极端，也不愿承认一个女人会不惜任何代价来拒绝做母亲。2018 年冬天，在法国纪龙德省（Gironde），37 岁的拉莫娜·卡内特（Ramona Canete）因犯下 5 起杀婴案而接受审判。这些婴儿源自婚内强奸。"我表达了拒绝。整个过程中我都在哭喊。事后我还在哭。"被告人说道。① 她的丈夫也出庭了，但只是作为普通证人。1974 年，在美国，38 岁的乔安娜·米哈尔斯基（Joanne Michulski）在自己郊外小屋前的草坪上，用一把屠刀砍下了八个子女中最小的两个的头。她被认定为精神错乱并被拘禁。她的丈夫表示，她之前从未对孩子们使用过暴力，并且看起来很爱他们。他只说道，这几个孩子没有一个是带着期许出生的。住在旁边房子里的牧师也作证说，打从这一家人搬进这个社区起，那个年轻女人就是一脸"平静的绝望"。艾德里安·里奇分析道："这个社会并没有承认在父权制度下对母亲身份的成规性暴力，反而谴责女性，逼得她们最后爆发，犯下心理病态的暴行。"② 2006 年，一个法国女权组织收集到了某位似乎年纪稍长的匿名女性的证词。据她所说，她曾两度独自生产并扼死婴儿。她在 18 岁时就结了婚，21 岁时已有了三个孩子。她与孩子们一直被关在家中。"我感觉自己就像个抽屉：敲一下，就往里塞了个孩子；当抽屉空了，就再塞一个。就这么回事儿。"当她试着逃避性事时，她的丈夫就打她。"我不必有任何欲望。看上去，我似乎拥有想要的一切：每天吃着饱饭，孩子们也去上学了。他不想了解我有没有别的期望。他根本不关心这个。"她尝试用各种方法堕胎，成功了九次。但不是

---

① 《纪龙德的杀婴母亲：被告人提到了"监禁"和"完全拒绝"》（Mère infanticide en Gironde：l'accusée évoque un "enfermement" et un "déni total"），Paris-Match. com，2018 年 3 月 21 日。

② 艾德里安·里奇，《女人所生》。

每次都奏效。"这很不人道，但到了那个节骨眼，你就只剩下这一个法子了。"将她的故事广而告之的女权组织意欲打破某种幻觉：大家误以为，既然避孕与堕胎都被许可了，那在法国就不再会有他们所认为的非自愿怀孕。①

　　改变自己的命运，或者只是让日子变得有希望，都得先让生孩子变成随心所欲、想做就做、不想做就不做的一件事。儒勒·米什莱（Jules Michelet）坚称在女巫出现的那个时代，整个社会都表现得很残暴。在他看来，为了让女巫与魔鬼的契约这一传说成立，必须要有"冷酷无情的时代所带来的致命压力"，所以，与下方的黑暗相比，"地狱本身似乎应当是一个庇护所和一个避难所"。在这种情形下，农奴"非常担心孩子多了非但供养不起，还会让他的命运变得更加糟糕"。女性活在怀孕的梦魇中。整个 16 世纪，"不生育的渴望与需求变得越来越强烈了"。相反的是，"教士、领主们"倒希望自家多添几个农奴。在压迫者与被压迫者共同的想象中，巫魔夜会就像是两派势力交锋的道场。它给穷人提供了一种魔幻的救济手段，以对抗富人的生育指令。魔鬼学家确实都认为"从巫魔夜会回来的女人都不会怀孕"："撒旦会让庄稼发芽，但会让女人不育"，米什莱这样总结道。②而在现实世界中，实施节育操作的是那些女性疗愈师，也因此她们遭到了残酷的打压。

　　"地狱本身似乎应当是一个庇护所"：这个反转并没有发生在米什莱的时代，却出现在了亚历山大·帕帕迪亚曼蒂斯（Alexandre

---

① 文集《关于杀婴这一禁忌话题的思考》（*Réflexions autour d'un tabou：l'infanticide*），Cambourakis，"Sorcières"，巴黎，2015 年。

② 儒勒·米什莱，《女巫》(1862)，Flammarion，巴黎，1966 年。(此处译文参考儒勒·米什莱，《中世纪的女巫》，欧阳瑾译，上海社会科学院出版社，2019 年。——译者注)

Papadiamantis)的小说《小女孩与死亡》(*Les Peties filles et la Mort*，1903)里。卡杜拉(Khadoula)是一位希腊的老农妇，作为巫师的女儿，她平时做着助产士与疗愈师的工作，她因社会里女性们的困境而感到痛苦：这些女孩们只是从这一种奴役走向另一种奴役，从服侍她们的父母变成服侍她们的丈夫、子女，而她们要嫁人时，置办她们的嫁妆还可能掏空一家的家底。所以，当卡杜拉参加周边某个小女孩的葬礼时，她不由地感觉如释重负："晚上，当老卡杜拉来到办葬礼的人家里参加慰灵仪式时——其实她一点儿也不觉得有什么安慰可言，她满脸喜悦，替无辜的新生儿与其父母高声感谢上帝。此刻，悲就是喜，死就是生。一切互相转化，互相循环。"她在心中自问："我们能为穷人做些什么？我们给他们的最大礼物，就是不得不——原谅我，上帝！——给他们一些绝育的药草，或者是只生男孩子的药草……"当她凝视着刚降生的孙女时，她苦涩地喃喃道："她来这儿是来受苦的，也让我们受苦。"她一下子失去理智，勒死了婴儿，踏上了逃亡之路。到了小说的结尾，虽然卡杜拉的行为可怕，但帕帕迪亚曼蒂斯还是将他的女主人公护送到了远离男人社会的某个所在，让她重返自然。①

奔向其他出路的冲动

　　在 1348 年的黑死病狂潮还未卷走欧洲 1/3 的人口之前，教会对生育率一向漠不关心。要是照理想教义来说，它倒是希望大众都能

---

① 　亚历山大·帕帕迪亚曼蒂斯，《小女孩与死亡》，由 Michel Saunier 译自希腊文版，Actes Sud，阿尔勒，1995 年。

禁欲节制。但之后，情况变了。到了 16 世纪末，方济各会①的让·本尼迪克蒂(Jean Benedicti)宣扬无节制生育，并向家庭保证，就如同鸟类一样繁衍，"上帝会满足他们的需要"②。18 世纪，欧洲人口暴增，但生育派仍大力鼓吹生育，只不过所用的噱头没那么诱人了。在 19 世纪末的法国，生育率仍是一百年前的水平，与整个欧洲的趋势背道而驰，生育派因而振臂疾呼"为了社会稳定，为了国家利益，为了保卫种族！"生孩子：由此带来的工人家庭之间的就业竞争会让他们更为顺从，需要大量士兵参加战争，从殖民地来的移民对民族认同造成了威胁。③

　　由于某种几乎无法调和的矛盾，看起来关注民生、尊重生命的反倒是那些接受或提倡限制生育的人们。猎巫者会毫不犹豫地折磨可疑的孕妇，却不会处决幼儿或逼他们观看对他们父母施行的酷刑。④ 当今，没有什么比反堕胎斗士贴上的"保卫生命"这个标签更具欺骗性的了：他们中有好多人支持死刑，在美国的还支持武器自由流通（2017 年，有 15 000 多人死于此因⑤），可没见他们用同等的热忱去反对战争或反对污染，要知道，2015 年全球死亡人口中有 1/6 的死与污染有关。⑥ "生命"这个词，只有用在消耗和拖垮女性生命时才能让他们热血沸腾。生育主义关乎权力，而非出于对人类之爱。并且它只涉及女人中"好"的那一类：史学家弗朗索瓦丝·威尔

---

① 　方济各会(le Franciscain)，又称"小兄弟会"，是天主教的托钵修会之一，由圣方济各 (1182—1226)所创立，故名。——译者注
② 　吉·贝奇特，《女巫与西方》。
③ 　文集《关于杀婴这一禁忌话题的思考》。
④ 　安娜·L. 巴斯托，《女巫狂潮》。
⑤ 　数据来源，www. gunviolencearchive. org. 。
⑥ 　《2015 年，全球死亡人口中有 1/6 的死亡与污染有关》，(En 2015, un décès sur six dans le monde était lié à la pollution)，*HuffPost*，2017 年 10 月 20 日。

杰（Françoise Vergès）指出，在 20 世纪 60—70 年代，法国政府一面拒绝在本土将堕胎与避孕合法化，一面又在海外领地鼓励堕胎与避孕；比如在留尼旺岛①，白人医生做了上千例绝育手术与堕胎手术。②

决意打破繁殖链，可能是为自己的生存状态重启了赌局，也可能是力量平衡的重新洗牌，可能是松开了命运的钳制，也可能是扩大了此时与此地的自由。在 20 世纪 90 年代的美国，研究者卡洛琳·M.莫雷尔（Carolyn M. Morell）与凯伦·赛肯（Karen Seccombe）指出，选择不生孩子的并不只局限于少数上层阶级女性：在莫雷尔采访的女性中，有 3/4 来自贫困或工人阶级家庭。这些上层阶级女性都事业有成，都直接将自己社会地位晋升的原因归为决定不生孩子。其中有一位叫格洛丽亚的 43 岁的女医生这样说道："如果我讨喜又温顺的话，那现在的我或许生活在佛罗里达，带着六个孩子。我或许会嫁给某个机械师，然后天天想着下个月的账单怎么办。这不是我要的。"46 岁的萨拉，童年时期生活在费城南部聚集着东欧犹太移民的街区里，她说："那很像是生活在犹太区，那时的我愿意相信世界上还有比这更大、更好的角落。从八九岁起，我就时常在白天溜出去。坐着有轨电车一路到市中心。走着走着，就走到了里滕豪斯广场（Rittenhouse Square），然后再搭巴士坐到宾夕法尼亚大学，只为看一看，听一听。"1905 年，某位署名为"无子之妻"的匿名美国社工写道："我发觉，如果女人处于被支配的状态，那常常是因为她们有孩子而没有钱。有孩子妨碍她们有钱。我发现，有一笔自己老老实实挣

---

① 留尼旺岛（Réunion），位于今印度洋西部的一个火山岛，是法国的海外省之一。——译者注
② 弗朗索瓦丝·威尔洁，《女人的肚子：资本主义、激进主义与女权主义》（Le Ventre des femmes. Capitalisme, racialisation, féminisme），Albin Michel，"Bibliothèque Idées"，巴黎，2017 年。

来的、足够的钱，就能获得自由、独立、自我肯定以及自在生活的能力。"①不生孩子也不再只是白人女性的选择：在生于1900—1919年之间的非裔美国女性中，有1/3没有生孩子，这人数已超过选择不生孩子的白人女性。②

对抗大多数人都安之若素的世人潮流与生活方式，仍是科琳娜·迈尔于2007年所写檄文的中心思想。她抱怨人们先是在学校、后是在公司里安营扎寨——这并不是人们所认为的机遇，而是某种围困。她哀叹，生孩子就是将探寻生命意义的任务"交棒给下一代"。"我们生活在一个蚁族社会。望到头的人生愿景就是工作与生孩子。一个将生命局限在挣口粮与自我复制的社会是没有未来的，因为它没有梦想。"③她从生育中看到了现有体系的限制。生育让我们不得不保持某种可能导致生态灾难的生活方式，同时也保证了我们的驯服（因为我们"有孩子要养"，身上背着债，等等）。卡米耶·杜思烈（Camille Ducellier）在自己的电影《女巫，我的姐妹》④中致敬了女作家克洛伊·德罗姆（Chloé Delaume）。克洛伊回应道："我就是未产女性，我永远不会生孩子的。我憎恶谱系以及那些有毒的杜撰。'继承'这一概念只不过相当于最后一个携带者身上的病毒。"她还说："你成天想的都是如何对抗肚皮的恐惧，往里面塞满胚胎：这是一种

---

① 劳利·丽斯，《没有小孩》。
② 卡洛琳·M. 莫雷尔，《不女人的行为：故意不生孩子的挑战》(*Unwomanly Conduct. The Chanllenges of International Childlessness*)，Routledge，纽约，1994年。
③ 科琳娜·迈尔，《没有孩子》。
④ 卡米耶·杜思烈，《女巫，我的姐妹》(*Sorcières, mes sœurs*)，Larsens Production，2010年，www.camilleducellier.com。

缓解焦虑的行为，只有吃抗抑郁药的人才会那么做。"①

　　尽管我自认为是个相对和善又冷静的人，但我近乎惊恐地发现，每当想到生育以及我拒绝的原因时，我的心头就会迅速窜起一团怒火——啊，再次出现怒火了……不愿生育或许是一种让社会为其缺陷与失败负起责任的方式，是拒绝忘却与原谅的方式，是宣告不会有任何和解的方式。这也是他人会为此感到不安的原因。但此处的"否定"是"肯定"的另一面：它源于一个念头，即人类的冒险本可以更好地展开；也源于一种对我们将生活与世界变成现在这副模样的反抗；还源于一种能够通过没有孩子的存在方式，更好地逃避顺从，以及共同命运的压迫与陷阱的感觉。这个选择提供了一种氧气袋、一个丰裕之角。它准许人恣意地活，放开来过：你会在其中发现大把属于自己的时间与自由，你可以无限畅游，直到筋疲力尽，不用担心做得过头了，凭直觉行事，有趣的事情往往开始于人们认为应该阻止其发生的时候。在我的逻辑里，不传递生命的火把，才能充分地享受生命。至今为止，这番论调也只让我和一位朋友争吵过一次。那次争吵十分激烈，是在闲聊当中毫无预警地爆发的。后来，尽管我们试图重归于好，但我们的友谊已回不去了。那个男人与我父亲同年，所受的天主教教育在他身上根深蒂固。虽然不能直接把他等同于严苛的天主教徒（不然我们之前也成不了朋友），但正是这种敏感让他有了那样的反应。另外，在争论的交锋中，他的话里也带着浓烈的宗教意味。他挥舞着食指，狠狠地对我说："希望是不会被割裂的！"对啊，有时候，不生孩子就是不"割裂希望"的最好办法。

---

① 克洛伊·德罗姆，《一个里面没有其他人的女人》(*Une femme avec personne dedans*)，收录于"Fiction & Cie"，巴黎，2012 年，还有收录于同一文集的《共和国的女巫们》(*Les Sorcières de la République*，小说)，2016 年。

关于(不想)生育欲的微妙变化

　　我的生育观使我成了我所在这个社会里颇为尴尬的异类。在法国,只有 4.3％的女性与 6.3％的男性宣称自己不想要孩子。[①] 不过,与大众预想的相反,尽管 20 世纪期间没生孩子的女性数量一直在下降,但今天的"绝对不育率"(不管是什么原因)已到达了 13％。[②] 虽然法国的生育率在 2015 年经历了第一次下降,但到了 2016 年与 2017 年,法国的生育率又稳坐欧洲第一,爱尔兰也表现不俗。[③] 其中一种解释是,儿童保育服务发展得不错,使女性不必像德国那样在工作与做母亲之间抉择。另一方面,近几年来,美国关于无子生活的出版物层出不穷,从侧面反映了美国的生育率再次跌到了 2013 年的历史最低点。但先不必为之感到悲伤,还有移民撑着呢。40 岁至 44 岁之间从未生育过的女性比例,从 1976 年的 10％升至 2008 年的 18％,所有的社群都包括在内。[④] 作家劳拉·基普尼斯(Laura Kipnis)认为,"如果对女性没有给出更妥当的安排,生育率还会继续下降的。这里所说的安排不只是让孩子父亲更多地参与到育儿过程中,还要投入比现在多得多的公共资源用于孩子的看护,包括要高薪聘请专业的团队——而不是由一些低报酬的女性,在家带着自己的

---

① 夏洛特·德贝斯特、马嘉利·马祖伊(Magali Mazuy)与生育调查小组,《保持无子:反潮流的生活选择》(Rester sans enfant: un choix de vie à contre-courant),Population & Sociétés,第 508 期,2014 年 2 月。

② 夏洛特·德贝斯特,《选择无子的人生》。

③ 盖利·杜邦(Gaëlle Dupont),《出生率:法国的例外即将结束》(Natalité: vers la fin de l'exception française),Le Monde,2018 年 1 月 26 日。

④ 卷宗,《不生育的生活》(The childfree life),Time Magazine,2013 年 8 月 12 日。

孩子。"①在欧洲，除了德国，整个南部（包括意大利、希腊与西班牙）的生育率都在下降，主要原因是欧盟的政策以及儿童保护措施与方式的不足，人们普遍谨慎起来。20 世纪 70 年代出生的女性中，近 1/4 没有孩子。②

　　我们无法将所有人简单地一刀切：一边是不想要孩子的，所以他们没有孩子；一边是想要孩子的，所以他们有孩子；有些人没有孩子可能是因为经济困难，或是个人生活环境所致，但他们其实是想要孩子的；反之，另一些人有孩子，但却是在计划之外的。更何况从文化的角度看，堕胎还不怎么能站得住脚：有些夫妻即使并不反对这项权利，但是当他们有稳定的经济条件与感情基础作为支撑时，他们还是会抵触这种中止妊娠的途径，而选择进行下去。再者，面对铺天盖地对家庭人伦的宣传鼓励，可以想见有不少人是迫于社会压力而非出于个人冲动而成了父母。在夏洛特·德贝斯特采访的自主不生孩子的人之中，有位叫桑德拉（Sandra）的女士说："我真心认为，如今的生育欲中有 90％是社会性的，只有 10％才是主观与自发的。"③（关于此处的百分率，欢迎大家自由讨论。）然而，在最开始的时候，每个人的心中或许都有个关于孩子的想或不想——不管这个想或不想的未来命运如何——然后我们再用一条条论点来支撑这个想或不想。这种情感倾向源自某种复杂又神秘的情感变迁，而这种变迁会打乱所有的预设。如果你曾有过一个悲惨的童年，你可能期盼着象征性

---

① 劳拉·基普尼斯，《母性直觉》（Maternal instincts），收录于 Meghan Daum（dir.），*Selfish, Shallow, and Self-Absorbed*。

② 伊娃·博茹昂（Eva Beaujouan）等，《在欧洲，不生孩子的女性比例已经达到顶峰了吗？》（La proportion de femmes sans enfant a-t-elle atteint un pic en Europe?），*Population & Sociétés*，第 540 期，2017 年 1 月。

③ 夏洛特·德贝斯特，《选择无子的人生》。

地修复它，或是放弃无谓的努力。你是个乐观开朗的人，也可能想要保持没有孩子的人生；你是个沮丧的人，也可能会想要个孩子。我们无法预测生子倾向的大转轮到底会停在哪个格子。"一个人可能出于某些原因想成为父亲或母亲，但相同的原因也可能导致另一些人选择不生育。这些原因包括：想要扮演人生中的某个角色，想要施展影响力，想要找到自我，想要和某人建立亲密联系，想要寻求欢愉与不朽，等等。"劳利·丽斯这样评论道。① 再说了，人类能创造伟大的奇迹，也会制造不可承受的恐怖；人生很美，但也艰难，但还是美，但还是艰难，既美又艰难，既艰难又美……所以你不好代替别人来判断他们到底是想停在"美"还是"艰难"，或是选择将生命传递下去还是不传递下去。

有些人想看到自己以及伴侣映射在一个新角色里的模样，或纯粹是被有孩子环绕的日常前景所吸引，也有些人是因为二者兼而有之才生孩子。另一些人，或是想独自生活，或是想过二人世界。心理治疗师兼作家珍妮·萨菲尔（Jeanne Safer）就选择了后一种生活方式。2015 年，她已经与丈夫一起生活了 35 年。她说，她与丈夫之间有"难得的心智与情感上的亲密"② 有些人想要为生活做加法，迎接即将到来的一切，承担随之而来的欢乐或不那么欢乐的一摊子事；另有一些人则选择更集中的活法，更收拢，也更宁静——这是两种不同强度的人生。对于我来说，且不论生育率下降对生态有益，我不愿给这个社会多添一位成员，首先是因为这个社会既没有为这个新成员的生存领域建立一种和谐的关系，还准备要给他使绊子。其次，我不

---

① 劳利·丽斯，《没有小孩》。
② 珍妮·萨菲尔（Jeanne Safer），《在〈母性之外〉之外》（Beyond *Beyond Motherhood*），收录于 Meghan Daum（dir. ，）*Selfish，Shallow，and Self-Absorbed*。

想生孩子还因为我觉得自己就是这个消费社会的产物，所以，我的孩子们就不能指望我来帮助他面对生态危机。我十分认同美国小说家帕姆·休斯顿的一句话："我不想接触用石油衍生物制成的尿布，我不想再多管一间建在不毛之地上的梦想之屋。"①但当我看到快七岁的安札(Hamza)戴着他的小头盔，兴奋地在约岛(l'île d'Yeu)的小路上骑着自行车，朝海滩奔去时，我的心都快融化了：即使这并没有让我改变主意，但我也明白了世间的美好永远存在，我们还有时间和孩子一起分享这份美好，摆脱灾难的催眠。

在我看来，所有观念都有接纳的空间。我只是费解为何我赞同的那个观念如此不被接受，又为何大家一致认为，对于所有人来说，成功的人生必须有孩子？一旦有人违反了这项规定，就能听到从前对同性恋们说过多次的话："要是大家都像你一样，怎么办？"甚至在人文科学里，我们也看到了这种执拗的心态。社会学家安娜·戈特曼(Anne Gotman)就"不愿生孩子"这一话题采访几位男性与女性时，加上了一些恶意的评论以及或多或少地暗中诋毁他们的话。比如，她直接诊断说他们"与他人关系混乱"，或是谴责他们"无视延续人类香火的人类学与系谱原则所确立的面向"——不管这到底意味着什么。她写道："如何反驳养孩子会耗费从工作、社交生活到个人生活的时间这一说法？"她立马接着说："但这算问题吗？"当她采访的某位女士说："我不想要孩子，我看不出有什么问题。"她就像集市里的算命师一样认定受访者说的后半句"本身就可以被解读为承认有问题"……她书中的每一页都透露着不认同。她指责那些人是自己害了自己，并指责他们表露出的要我们认同他们的选择这一要求"太

---

① 帕姆·休斯顿，《"什么都想要"的麻烦》(The trouble with having it all)，收录于 Meghan Daum(dir.)，*Selfish, Shallow, and Self-Absorbed*。

过分了"①……

缺乏思考的区域

在有 75 亿人口的情况下，种族灭绝的危机看起来并不存在，更别提生育率不足会导致这种危机了。正如作家与喜剧演员贝西·赛尔金德（Betsy Salkind）所说："在上帝说'繁衍生息'时，地球上只有两个人。"②至少在西方，避孕方法是随处可得的，反之，生孩子也不再享有先前的经济优待。并且，我们生活在一个不再相信有更好的未来（甚至连有没有未来都难说）的时代，在这个人口过多的星球上，到处是各种污染留下的疮痍，开发仍在癫狂地持续中，西方还有法西斯在叫嚣。我想起威廉于 2006 年开始画的一幅画：在一个豪华、温暖又舒心的房间里，一个中产阶层家庭在聚会。在画面中的一角，房子有面墙是通向破败的外部世界的，那里到处都是汽车残骸与摇摇欲坠的建筑物。一些瘦弱的人爬行于鼠群之间。在墙面开口处，父亲指着外面的一片荒芜对惊恐的女儿与儿子说："总有一天，这一切终将属于你们！"但承认吧，在要把某人推进这样的环境中时，还是会有一丝犹豫，每个人都会在这种恐怖中尖叫。当然，还是有一大堆想生孩子的理由；但生孩子这件事已不再是自然而然发生的事。我们怎能忘记稍微实现一点儿自己的预设呢？

---

① 安娜·戈特曼，《自我迫害与苛求有效化》(Victimisation et exigences de validation)，收录于 *Pas d'enfant. La volonté de ne pas engendrer*，MSH，巴黎，2017 年。

② 贝西·赛尔金德，《为什么今年夏天我没有小孩》(Why I didn't have any children this summer)，收录于 Henriette Mantel（dir.），*No kidding. Women Writers on Bypassing Parenthood*，Seal Press，伯克利，2013 年。

　　围绕生子这个话题，大脑总是犯懒，思考得不够。据说生孩子这事是本能，但这一前提本身就值得怀疑。美国随笔作家与女权主义者丽贝卡·索尼特（Rebecca Solnit）说过，人们总是给出所谓的人人适用的办法。虽然这些法子总是失败，但不妨碍"别人还是一而再、再而三地把这些法子一传十、十传百"。她还发现："'人生要有意义'这个念头极少会冒出来。那些标准操作（比如结婚生子）不仅被认为本身就具有意义，还被看作是唯独具有意义的事。"她哀叹说人们都按照社会成规活得太整齐划一了，"但却非常悲哀"。她还说："除了自己的后代之外，还有很多值得爱的。那么多别的事物需要爱，那么多别的工作需要爱，这些都需要世人来完成啊。"[1]这份联想的缺失也体现在 *Elle* 杂志上刊登的米歇尔·菲图西（Michèle Fitoussi）就科琳娜·迈尔的书《没有孩子》所写的愤怒书评上："翻来覆去说的还是上一本书《你好，懒惰：关于工作无聊以及对抗它的方法》（*Bonjour paresse , sur l'ennui au travail et les moyens d'y résister*）里那套懒洋洋的理念。享乐权是唯一的信条。所以要扫除一切障碍。（……）这样一来就脱离了生存的折磨，我们整天就只剩下快活或凝视自己的肚脐眼，啃着姜饼（?）。没有爱也没有幽默，而这二者是幸福的组成要素。很可惜，她非常缺乏。"[2]在这里用爱引援，就跟电影《我娶了个女巫》一样，都是卫道士为了让各种评论噤声所使用的幌子。

　　要知道，没有孩子就意味着到你死的时候，不会留下你带到这世上的某个人，这个人在某种程度上是你塑造的。你给他塑造的是一种家族气息，这是个巨大的包袱，有时会大到让人喘不过气来——里

① 丽贝卡·索尼特，《问题之母》（The mother of all questions），*Harper's Magazine*，2015年10月。

② 米歇尔·菲图西，《迈尔最糟的一本书》（Le pire de Maier），*Elle*，2007年6月25日。

面有经历、命运、痛苦与宝藏，一代代地叠加，一代代地相传，直到传到你的手上。你可以期待有人为自己的逝去哭泣，可能是伴侣，是兄弟姐妹，是朋友，但这和有后代为你哭泣还真不是一回事儿。这或许是唯一难以接受的情况了。"我唯一的遗憾，就是知道不会有人像我想念我的母亲那样想念我。"戴安娜说的这句话收录在某本献给"两口之家"的书里。[①] 但同时，这并不意味着没有传承。同一种想象力的缺失让我们忽视了——有时候孩子也不传承或不一定以我们满意的方式传承——传承可以有许多途径：每个人的存在都会撞倒无数的木柱，留下深刻的印迹，虽然这些印迹并不总能为我们所察觉。两个选择不生孩子的美国人讲述了他们的经历。他们之所以辞职并骑自行车环游世界一年，是因为他们在沙滩上遇到了几个自行车车手。在交谈之后，他们做出了这一决定，那些车手们想必不会想到这次邂逅会有这么深远的影响。"我们永远不知道我们是如何影响他人的。"[②]孩子，只不过是我们大多数人来这世上走过一遭的证明，也是我们唯一被驱使着按照前人足迹再做一次的证明。再说了，就连孩子也不只有父母这两个塑造者。比如，难道你对前任与他人生的孩子，或者是经由你介绍认识的两个朋友共同孕育的孩子，不用负一点儿间接责任吗？

尽管避孕观念已渐为大众所接受，但仍然很难设想爱着一个人，渴求一个人，却不想与其生子的情况。因此，那些宣布自己不想做母亲的女性常听到别人说那是因为她们还没"遇到那个好男人"。这似乎也印证了某个隐晦的信念，即有成果的关系才是真正的性关系，或

---

① 劳拉·卡罗尔（Laura Caroll），《两口之家：对选择不生孩子的幸福夫妻的采访》（*Families of Two. Interviews With Happily Married Couples Without Children by Choice*），Xlibris，布鲁明顿，2000 年。
② 劳拉·卡罗尔，《两口之家》。

许是因为这成果提供了性事曾发生过的唯一证据吧，证明了关系当中的男人是"真男人"，而其中的女人也是"真女人"。波利娜·波拿巴①刚好有一句挑衅的话可以反驳这种观点："孩子？我宁愿怀上一百次，也不愿意生一个。"因而，不该由此推论说生孩子可以证明发生过性行为（依我的浅薄之见，哪怕只花一分钟来证明也太浪费时间了），也不该为了证明自己不是同性恋且坚决地反对而生孩子。

对女性生育自然观的挑战

异性恋伴侣之间的生育问题，更确切地说，就是女性生育问题，哪怕在进步人士看来，也是以"自然"论点——我们已在别处学会对此观点保持警惕——为主导的最后一块阵地。我们知道，几个世纪以来，最荒诞的——也是最压迫的——论断都有所谓从"自然"中观察得来的"明显且不可辩驳的"证据作证明。例如，1879 年，古斯塔夫·勒庞（Gustave le Bon）就断言："许多女性的大脑，比起发育较好的男性大脑来说，在尺寸上更接近大猩猩的。这种低劣性如此明显，以至于没有人能进行片刻的反驳。只有关于其智识程度的问题值得讨论。"②现在回头来看，这段论述的荒谬显而易见。现在，我们已尽量避免从某种身体构造得出某种倾向，或将其推断为某种固定的行为模式。比如说，在进步人士中，或许不再有人会向男同性恋与女同

---

① 波利娜·波拿巴（Pauline Bonaparte，1780—1825），拿破仑一世的妹妹。——译者注
② 援引自穆瑞艾尔·萨尔（Muriel Salle）、卡特琳娜·维达尔（Catherine Vidal），《女性与健康，还是男人的事儿？》（*Femmes et santé, encore une affaire d'hommes?*），Belin，"Égale à égal"，巴黎，2017 年。

性恋指出他们的性行为是有问题的，说他们找错了人，或者说他们的器官的设计理念并不是要他们这么用的，但还是会说"不好意思，但你们没好好读使用说明，大自然说的是……"与之相反的是，只要一提及女性与孩子，所有人都随意起来：这是大自然的内裤派对——打个比方说。此刻你面对的只是一群狂热拥戴最狭隘的生态决定论的支持者。

她们有子宫，生孩子不就是她们义不容辞的事吗？在 18 世纪由狄德罗与达朗贝尔编纂的《百科全书》[1]里关于"女性"的词条中，描述完体貌特征后有这么一句总结语："所有事实都证明，女性的归宿就是生儿育女。"[2]已经过去了几百年，我们没有任何进步。人们仍然坚定地相信，女人天生想成为母亲。以前，人们一说起女性子宫的自主活动，就会说"可怖的动物""具有生孩子的渴望""活跃，不顾理性，在想要主宰一切的强烈渴望的驱使下奋争"。[3]在人们的想象中，躁动的子宫如今让位给了一种叫作"生物钟"的神秘器官，虽然至今没有任何一台 X 射线扫描仪能定位它的准确位置，但当女性到 35—40 岁时，贴近她们的肚皮，就能清楚地听到那滴答滴答的响动。"我们已经习惯了不把'生物钟'当作隐喻，只当作对人体的一种中性又实事求是的描述。"评论家莫伊拉·维格尔（Moira Weigel）这样说道。但其实"生物钟"这个用来描述女性生育力的说法，第一次出现是在 1978 年 3 月 16 日刊登在《华盛顿邮报》上的某篇文章里，当时的标题是《对于事业有成的女性来说，时钟正在滴答滴答》（L'horloge tourne

---

[1]　狄德罗（Diderot，1713—1784），法国启蒙思想家、哲学家、作家。达朗贝尔（D'Alembert，1717—1783），法国物理学家、数学家和天文学家。两人于 1746 年共同编纂了法国的《百科全书》（*Encyclopédie*）。——译者注

[2]　援引自穆瑞艾尔·萨尔、卡特琳娜·维达尔，《女性与健康，还是男人的事儿？》。

[3]　援引自穆瑞艾尔·萨尔、卡特琳娜·维达尔，《女性与健康，还是男人的事儿？》。

pour la femme qui fait carrière)。① 换句话说：生物钟只是"反冲"（backlash）的前期表现，它与女性生理结构神奇的融合使之成了进化史上的独特现象，连达尔文都叹为观止……另外，既然大自然赋予了女性孕育子女的身体，所以当然还想让她们在孩子出生后继续给他们换尿布、带他们去看儿科医生。然后呢，既然做母亲的待着也没事儿，那就接着擦厨房地板、洗盘子、想着再买点儿卫生纸回来，以此度过后面的 25 年。这就叫作"母性本能"。对，这就是大自然的规定，而不是——比如说——社会为了感谢她们承担了延续物种工程中最繁重的任务，去发动一切力量，补偿她们因生育而产生的各种不便；完全不是这么回事儿。如果你对此表示理解，那是因为你错听了自然的声音。

　　人们对从未生育过的女性总有一些旧观念。相反，对于准妈妈们，人们总是不吝赞美之词，比如"身体像花儿般全面绽放""容光焕发"等——但根据当事人的体验，怀孕的经历千差万别——这也间接加深了人们对老姑娘就是子宫空虚、身材干瘪的刻板印象。然而，这是忽视了一个事实，正如劳利·丽斯所写的，子宫，即使在未怀孕的时候，也是个很活跃的器官，"它非常积极，它会积极表达月经期与性事的感受"。② 顺便提一句，当未怀孕时，子宫的尺寸是很小的，所以，那种挂着蜘蛛网、被阴风吹得呜呜作响的枯井古洞之说都是胡扯。但还有人认为生孩子满足了女性在生理与情感上的需求，因此，生孩子也是约束女性欲求之法，不然她们就会失控。因此，逃避做母亲就是逃避净化与驯化的过程，逃避对身体唯一可能的救赎。而几百年

---

① 莫伊拉·维格尔，《生物钟的邪恶统治》(The foul reign of the biological clock)，*The Guardian*，2016 年 5 月 10 日。

② 劳利·丽斯，《没有小孩》。

来，身体已经汇聚起了许多的问题、恐惧与厌恶。"婚姻与做母亲是升华这一先天不足的身体的解毒剂。"大卫·勒·布雷顿曾这样写道。[①] 拒绝解毒，就是继续散播混乱，引来别人的怀疑或同情的目光。然而，在这点上，我个人的经历又打破了这些偏见。我这辈子积攒了不少身体的毛病，倒是很庆幸不用和一个孩子——会先在肚子里揣一阵子，然后再占用我的胳膊——分享我所剩无几的身体资源。

有一次在某个会议上，在我刚发表完希望大家能够不再把做母亲看作女性必经之路的观点后，下一位发言人——一位专治不孕的医生——神情凝重地说，我的言论对他的病患来说"太可怕了"。这让我大为震惊。在我看来，情况正好相反。如果她们最终无法受孕，我的这番话对她们倒是有所助益。届时，她们应该就能跨过所盼落空的遗憾了，本来就不该让她们在伤心之余徒增"自己成了不完整或挫败的女人"这样的怨怼。许多医生惯常于对那些不想要孩子的女性进行道德绑架，比如对她们说"想想那些要不上孩子的吧"。然而，正如马丁·温克勒（Martin Winckler）在他关于法国医疗虐待的书中所提醒的："做母亲不是连通器[②]现象。"[③]当然，一个很难怀孕的女性确实会对轻视怀孕机会的女性产生一瞬间的嫉妒情绪，但稍微冷静下来思考片刻，就能分辨出这种嫉妒是无端的：从一个怀不上孩子的女性的角度出发，强迫另一个不愿生孩子的女性，只会导致加倍的不幸。所有其他的说辞都意味着将女性视为本质同一的可替换的对

---

① 大卫·勒·布雷顿（David le Breton），《丑陋的性别》（Le genre de la laideur），Claudine Sagaert, Histoire de la laideur féminine 一书的序言，Imago，巴黎，2015 年。

② 连通器（vases communicants），一组彼此相通的容器，其中所装的液体形成相关联的流体介质，具有两个或两个以上的分开的自由面。连通器的各容器液面保持相同，对应了文中女性为母后身体与认知的同步协调。——译者注

③ 马丁·温克勒，《白衣野兽：法国的医疗滥用》（Les Brutes en blanc. La maltraitance médicale en France），Flammarion，巴黎，2016 年。

象，而非个性鲜明、欲求不同的活生生的人。

　　这种观念仍十分普遍，以至于人们会强烈抵触这样一个再简单不过的事实：怀孕，对于想要孩子的是惊喜，但对于不想要的却是晴天霹雳。然而，网上一些详述怀孕初期迹象的文章都抱持着"来看的都是想怀孕的"心理，并不管其中有不少女读者明显是来咨询肚皮"恐慌"的。比如"致女性"网站（Aufeminin. com）上有一篇文章（《如何检测早期怀孕》）就自顾自话地说道："您中止了避孕手段并期待着孩子的降临。但每一轮等待对您来说都是如此漫长……"相关的链接有"助燃生育力：80 种有益食物""受孕的最佳姿势集合"等。

　　我有一位女性友人，因为月经推后而担心怀上了她情人的孩子。但实际上，出于各种原因，她不太可能怀上。她有一位是心理医生的亲戚，将这种恐惧解释为她潜意识里想和她深爱的这个男人孕育子嗣。而我的朋友却不是这么想的：怀孕的念头在她的心中激起了这样的恐惧，是因为她无法完全确认自己怀不上。"我在想是不是有这么一个潜在的矛盾心理，真的是非常、非常不明显，所以……但我们能确认所有人的默认标准答案都是渴望要孩子吗？"她困惑地问我。嗯，这是个好问题，即便很多人都认为不值一提。马丁·温克勒曾提到，有一天他的同事对他说的一句话，让他感到很震惊。这位同事说："好吧，你有没有想过，当你开出一个避孕环或植入器的处方时，是在强行唤醒女性想怀孕的潜在渴望？至少，那些吃了避孕药的女人们就会忘记这个念想，纵情享乐！"一位年轻女性也对他转述了她的妇科大夫对她说的话："如果你来月经时肚子疼，那是你的身体在呼唤着怀孕。"①

---

① 　马丁·温克勒，《白衣野兽》。

在《女人与德勒夫医生》中——很明显的文字游戏①——瑞典小说家马尔·坎德笔下的著名的妇科心理分析师向他的女病患提出建议，如果想缓解耗尽她那薄弱不足的智力所带来的痛苦，可以尝试下普遍灵方——成为母亲，因为其"无比神圣""能净化女性的心灵"。当这个年轻又没什么头脑的女病患说不想要孩子时，他差点儿从沙发上摔下来。"我的小姐啊，所有的女性都想要孩子！（……）出于某些原因，女性通常意识不到自己的真实感受、欲望和需求。（……）她们的真实感受需要由我这样的分析师来解释，这样她们才不至于被这些欲望裹挟或吞噬，她们才不会因体内有着这文明世界里最混乱的骚动而走上歧路！"为了支撑他的观点，医生递给她一本积满灰尘的书，那是他的导师、已逝的坡坡科夫教授（professeur Popokoff）的著作。他让她看其中所写的"所有女人的内心深处都渴望孩子"这一段。然后，他匆忙地从她手里拿走了这本书，因为他突然想到她可能正在经期中。他对她嚷道："您可别妄想凌驾于医学之上！有关女性的专业知识是经过了几百年在停尸房和精神病院中不断研究与总结得来的。无数的实验与理论在猪的身上、青蛙的身上、绦虫的身上，还有羊的身上得到了验证。您难以想象这些不可争辩的事实背后有多少文献在支撑！"②是啊，如此言之凿凿，很难不被说服。

还有更想不到的：即便是艾丽卡·容这样一位女权主义者也支持这一观点。当她在 20 世纪 70 年代回归美国的妇女运动时，曾解

①　此处指该书书名中的"德勒夫医生"（Docteur Dreuf），其中"Dreuf"是"Freud"（著名心理分析师弗洛伊德）调换字母顺序得来的名字。——译者注
②　马尔·坎德（Mare Kandre），《女人与德勒夫医生》（*La Femme et le Docteur Dreuf*，1994），由 Marc de Gouvenain、Lena Grumbach 译自瑞典语版，Actes Sud，阿尔勒，1996 年。

释过为何贝蒂·弗里丹（妻子兼母亲）流派与格洛丽亚·斯泰纳姆（单身且无子）流派结盟失败："抛却家庭生活的女人们嫌弃选择了家庭生活的女人们。或许这种仇恨有一部分是辛酸。因为女人对孩子的欲望是如此强烈，所以为了割舍这份欲望而付出的代价也是极高的。"①这真是奇怪的结论。如果真要从哪段历史中找出一点儿嫌弃、仇恨或辛酸的痕迹，那也是贝蒂·弗里丹这边表现出来的，她当时指责格洛丽亚引入了荡妇、穷鬼与女同性恋，败坏了整个妇女运动的名声。有很多人都说贝蒂·弗里丹是个尖刻又难以相处的人，而斯泰纳姆则显露出从容平静的个性。如果要选出一个形象来说明关于女性都渴望成为母亲以及这种渴望的实现将带来情绪缓和这样的成见，倒不知选谁更合适了。能写出与事实如此相悖的话来，可见教条式偏见有多么根深蒂固。

　　这样的事情同样发生在法国。2002 年，心理医生日内维耶弗·赛尔（Geneviève Serre）因为要写一篇相关文章访问了 5 位自主选择不生孩子的女性。但她在接触她们时就带着批判的目光。她是这么写的："她们中有好几个曾经怀孕，且不止一次怀孕，但最终都决定打掉孩子。这一事实让人不禁联想：生育欲是一直存在于她们身上的，但它的声音没有被听见。"②怀孕被当成了无意识的生育欲的表现：这样的说法放在被强奸的女性身上成立吗？或者对于那些在堕胎非法的情况下，仍冒着生命危险要摘除胚胎的女性来说，这种说辞也成立吗？另外，如果非要承认其中有什么心理矛

---

① 艾丽卡·容，《怕老》。
② 日内维耶弗·赛尔，《没有影子的女人/还不清的债务：选择不做母亲》(Les femmes sans ombre ou la dette impossible. Le choix de ne pas être mère)，*L'Autre*，第 3 卷第 2 期，2002 年。

盾或隐藏的欲望，回到我那个因害怕怀孕而困扰的朋友的例子上，或许可以得出这样一个推论，还是会有一瞬间想回归到常态生活的。毕竟一辈子都逆流而行是件不容易的事。一位自愿选择不生孩子的年轻女性就说过经常觉得自己"在别人眼里就像是马戏团里的动物"。[①]

　　一个男人没做过父亲，充其量只是社会功能有所减损；而一个女人则被认为必须得通过做母亲才能实现深层次的身份认同。逻辑上来说，如果生育欲是天生的，那我们应该能在那些感受不到自己想要生孩子的女性身上检测到某种生理异常。检测不到这种异常时，人们就建议她们去做咨询，或者是这些女性的内心接受了那套所谓的规范，自己给自己做心理疏导。应该好好治疗，好好做工作，直到生孩子的念头自己冒出来。在这里，我们再次看到了在美容美体行业里存在的悖论：做一个"真女人"，就要流血流汗、刻苦努力以达到别人眼中的天生丽质。当涉及生育这一话题时，精神分析与精神病学的论述就成了天性论有力的科学后盾，会为那些糟糕的陈词滥调镀上一层科学权威的金光。前面提到的心理医生日内维耶弗·赛尔在她采访的女性身上看出了某些在她看来"属于男性"的特质，比如"独立、高效、自律、对政治感兴趣"等，于是她写道："她们身上男性的这一面，比如独立自主，或许是她们进入更被动、更倾向于接受性的女性状态的阻碍，因此她们无法欣然接受生命的馈赠，而这种心态对于女性进入母亲身份是十分必要的。"[②]此处说的母亲，是那些只满足于涉猎生活的神秘旋涡而将政治留给男人去操心的懒散又有依赖性的人：您说的是 19 世纪吧，您就待在

---

① 夏洛特·德贝斯特，《选择无子的人生》。
② 日内维耶弗·赛尔，《没有影子的女人/还不清的债务》。

那儿吧！

发现生命的"林间空地"

那些拒绝做母亲的女性也常被误解为讨厌孩子，就像女巫那样会在巫魔夜会时用尖牙啃烤架上的孩子或给邻居的儿子下诅咒。这真是双重的令人气愤。首先，这与事实相去甚远：有时候，正因为与孩子有强烈的共情才让人不想将他们带到这世上来，而其他人可能为了各有争议的理由生养孩子。露西·朱贝尔就对此嘲讽地说道："最能促进生育的莫过于在养老院里度过漫长岁月的凄凉晚景，没人探视，也没有什么消遣。为了躲过这场噩梦，有些人生了8个孩子，一周7天，一天一个，还多了一个——马有失蹄嘛。"①被虐待、殴打、强奸的孩子数量如此之多，让人不禁质疑是否所有生了孩子的人都爱孩子。再者，女人也有权利不寻求孩子的陪伴，甚至坦率地讨厌他们，即便这意味着无情地撕开所有假象，将常与女人挂钩的温柔奉献的形象踩在脚下。不管怎样，都不太可能再有什么好的表现了。她们一在孩子们面前变得温柔或将孩子抱入怀中，就会引来意味深长的目光与评论（"你好适合带孩子啊""你一定会是一个很棒的妈妈"）。她们厌倦了这些，索性硬起心肠，表现出彻底的鄙夷，哪怕被当成怪物。因为她们可以爱孩子，享受与孩子们在一起玩的时光，但不一定要亲自生孩子："我菜烧得不错，但我不想开餐馆！"连环画《你呢，什么时候想生孩子？》

① 露西·朱贝尔，《童车的反面》。

里的女主角这样说道。①

作家伊丽莎白·吉尔伯(Elizabeth Gilbert)说，这世上有三种女人："一种是天生做母亲的人，另一种是天生做阿姨的人，还有一种是在任何情况下都不该被允许靠近小孩3米之内的人。所以必须了解自己到底是哪种类型，因为要是在这个问题上犯了错，那可是要命的。"她自己就是属于"阿姨队"的。② 2006年，在一本法国女性杂志上，一位年轻的女性讲述了自己见识过的"阿姨"有多厉害。当她还是小女孩的时候，她与一位朋友一起到她朋友的阿姨家度假。直到下了飞机，她才发现那位阿姨竟然是萨宾·阿泽玛(Sabine Azéma)——一位在别人问及生子问题时，冷静表示自己选择不做母亲的女演员。这样的假期在往后几年里又连续来了好几回："萨宾给我们租了一台小小的摄影机，鼓励我们写东西，然后把写的拍出来。我们花好几个钟头在旧市场里找演戏的行头。萨宾自己拥有一辆小汽车，因为她不喜欢开快车，所以有一次，她好几个小时都跟在一辆大卡车后面。我们笑疯了。我们感觉自己没被当成孩子，她也不像个大人，这就是神奇之处。我们的假期更像是于洛先生③式的，尤其不是麦当劳式的，感觉像是在有'毒药与老妇'④那种氛围的茶室，是

---

① 维若妮可·卡佐(Véronique Cazot)、玛德莲娜·马丁(Madeleine Martin)，《你呢，什么时候想生孩子？》(Et toi, quand est-ce que tu t'y mets)第一卷《不想要孩子的女人》(Celle qui ne voulait pas d'enfant)，Fluide G.，巴黎，2011年。

② 《伊丽莎白想让别人知道她不生孩子的二三事》(What Elizabeth Gilbert wants people to know about her choice not to have children)，HuffPost，2014年10月10日。

③ 于洛先生(Monsieur Hulot)，出自法国的一部喜剧影片《于洛先生的假期》(1953)，于洛先生是个性格开朗、讨人喜欢但总是好心办坏事的人，影片所讲述的是他到海边度假时所经历的一系列啼笑皆非的故事。——译者注

④ "毒药与老妇"(Arsenic et vielles dentelles)，出自一部美国的黑色喜剧电影《毒药与老妇》，改编自同名百老汇舞台剧。讲述主角发现他的两位姑妈杀了人的秘密后引发的一连串故事。——译者注

一个酒店花园，而不是拥挤的广场小公园。萨宾给我们带来了许多稀奇的物件，有纽约的陀螺、英国的铅笔等。最重要的是，她把自己的幸福感注入到了我们的心里。"①在这种社会角色的多样化下潜藏着被低估的丰富性。有一次，40多岁的斯泰纳姆参加电视节目《今夜秀》(*Tonight Show*)，主持人琼·里弗斯(Joan Rivers)问她："我女儿是我这辈子最大的快乐。我无法想象没有她的样子。难道您不为没有孩子而后悔吗？"她回道："这么说吧，琼，如果所有女人都有孩子，那就没人来跟您说没孩子是什么样的了。"②

很多女性都说过为何她们想赋予自己生命的意义与做母亲的身份不兼容。比如尚塔尔·托马斯(Chantal Thomas)，热爱自由、孤独与旅行的她就非常直接地说道："这件事从头到尾没有一样东西能吸引我，怀孕不吸引我，分娩不吸引我，喂养、照顾、教育孩子的日常生活也不吸引我。"③在读西蒙娜·德·波伏娃年轻时所写的《岁月的力量》时，最让人吃惊的是她那绝对且没有边界的求知欲：不管是书或是电影，她都是求知若渴，她一心想成为作家。她也同样渴求物理空间。在马赛担任教授时，她认识到行走的意义。一有机会她就去远足，一口气走个几公里，沉醉在风景和感受中，不会让自己因担心发生意外或遭遇袭击而停下来（不过会有些警惕性）。她煽动了几个自称要追随她的朋友。她珍惜自己的自由，从她用几笔就能将自己所拥有的几间房间的迷人之处描绘出来就可证明这一点。她喜欢自己住，从她在巴黎上大学时就这样："我可以到黎明才回去，也可以在床

---

① 《时尚》(*Cosmopolitan*)，2006年9月。
② 亨利艾特·曼特尔，《不开玩笑/不养孩子》。
③ 尚塔尔·托马斯，《如何承担自由》(*Comment supporter sa liberté*)，Payot & Rivages，"Manuels"，巴黎，1998年。

上看一整夜的书，然后到大中午才睡觉。我可以 24 小时不出门，也可以突然就出门。我中午在多米尼克的餐厅（Dominique）喝罗宋汤，晚上到圆顶餐厅（La Coupole）喝一杯巧克力。我喜欢喝巧克力，喜欢喝罗宋汤，喜欢那些长长的午觉和无眠的夜晚，但我尤其爱自己的任性。几乎没什么能阻挠我。我愉快地发现，从前那些成年人天天在我耳边念叨着的'认真地活着'，其实一点儿也不沉重。"所以，怎么能看不出一旦怀孕，这样的冲动、这样的热情都将戛然而止，一切她热爱的、对她来说重要的事物都将渐行渐远呢？在这本书里，她也解释了为何回避做母亲，为了这事儿她"没少被骂"。她说："我的幸福太坚实了，以至于再没有别的新事物能吸引我。（……）我一点儿也不憧憬从一块自己身上掉下的肉团上找回自我。（……）我觉得不是我拒绝做母亲这件事。它压根不在我的命运里。没有孩子，我才是天然完满的我。"[1]这种怪异感，有些女性也深有同感。我有一个女性友人就跟我说过这种感觉。她说当她 20 岁时做完堕胎手术后，那手术在她脑海中还是很抽象："就像是我去割了个阑尾。"

同一件事也在格洛丽亚·斯泰纳姆身上发生过。她在 2015 年出版的自传《在路上：我生活的故事》（*Ma vie sur la route*）的结尾写下了这样一段话：

这本书献给伦敦的约翰·夏普医生（Dr John Sharpe）。他在 1957 年——法律允许英国医生出于女性健康以外的原因终止妊娠的十年前——冒了巨大的风险接收了一位 22 岁、即将去印度的美国女人，为她做堕胎手术。当时他只知道，她取消了在

---

① 西蒙娜·德波伏娃，《岁月的力量》（*La Force de l'âge*[1960]），Gallimard，"Folio"，巴黎，1986 年。

美国的订婚仪式，将要奔赴一种未知的命运。他对她说："您得答应我两件事。第一，和谁也别提我的名字。第二，这一生，只做您想做的事。"亲爱的夏普医生，我相信深明大义的您，不会埋怨我现在才说出迟到的这句话，在您去世多年之后：

我把我这一辈子活成了我能做到的最好的样子。

这本书献给您。①

就斯泰纳姆的情况来看，没有延续血脉，并不意味着背叛她自己的母亲，反而是还她公道，继承她的衣钵，尊重她的家族历史。在她出生前，她的母亲露丝（Ruth）刚在记者生涯中崭露头角，她差点儿就抛下丈夫和大女儿，同她的朋友去纽约打拼了。"如果我缠着她问，'那你为什么没去呢？你为什么不带着我的姐姐一起去纽约呢？'她就会回答我说没关系，她能有我和姐姐已经很幸运了。如果我一直问个不停，她就会说，'如果我走了，就没你这号人了！'我从来没有勇气对她说，'但就有你这号人物了。'"在父母分手后，年少的斯泰纳姆与日渐消沉的母亲独自生活。当能逃开这一切时，斯泰纳姆动身去了纽约，替她母亲实现了当年的梦想。她在致母亲的悼词中写道："和很多走在她前面的女性一样——其实今天很多人也这样——她从未独自踏上旅程。我希望她能走上她深爱的那条路。"②

当我在写这一章的时候，在翻我爸的文件时发现一本褪了色的蓝色笔记本，封面上写着"纳沙泰尔高等商学院"（École supérieure

---

① 格洛丽亚·斯泰纳姆，《在路上：我生活的故事》。

② 格洛丽娅·斯泰纳姆，《在路上：我生活的故事》，也可参见《露丝之歌（因为她自己不会唱）》[*Ruth's song（because she could not sing it）*]，格洛丽亚·斯泰纳姆，《出格的事与日常叛逆》（*Outrageous Acts and Everyday Rebellions*），Holt，Rinehart and Winston，纽约，1983 年。

de commerce de Neuchâtel）。里面只有我爸用他有棱有角又漂亮的笔迹写的一长串文学参考书目。他抄写的是《明日之书》（*Le livre de demain*）这本杂志上的综述摘要，有几本书还是莫里斯·梅特林克和埃德蒙·雅卢①的。我的祖父在我的父亲 12 岁时就离世了，由此带来的变故打破了父亲的文学梦。那么有涵养又对文学孜孜以求的他不得不去学他完全没兴趣的商业。后来，他还是过上了好日子，但也走不回那条文学路了。没什么能消解这种遗憾以及未能施展才能的痛苦。当我还没清晰体会到这份剜心之痛前，我自己也曾沉浸于书籍与写作的世界——没有什么比它们更真实、更值得关注的了。或许我们的父母有时也会聊起他们热爱的事物。有些爱得痴了，别的什么爱好也容不下了——如果他们当初没能照着心意全心投入所热爱的事物时更是如此。或许有些修复需求就是容不得半点儿折衷；或许也正是这样的需求让人在世代的丛林里划出一片空地，驻扎于此，浑然两忘。

不可接受的生育言论

但许多人并不接受这样的做法。在某本书中，演员玛莎·梅丽尔（Macha Méril）认为"不生孩子的女人就是一群错误的人"，是"自己的寡妇"，她觉得该好好用以下措辞教育一下西蒙娜·德·波伏娃

---

① 莫里斯·梅特林克（Maurice Maeterlinck，1862—1949），比利时剧作家、诗人、散文家，1911 年曾获诺贝尔文学家，代表作《青鸟》《盲人》等。埃德蒙·雅卢（Edmond Jaloux，1878—1949），法国作家、评论家，其作品大多以巴黎或其故乡普罗旺斯为背景。——译者注

的鬼魂："天才的西蒙娜啊，您这可是铸下大错了。您本该爱孩子的，但您选了那个天杀的萨特，害您走了弯路。您和那个美国情人［作家尼尔森·艾格林（Nelson Algren）］在一起的时候，不就差点儿让您的女性肉体满足于当母亲了吗？当了母亲，您也不会变笨，您的脑子也不会转得更慢。"（转述这段话的露西·朱贝尔评论道："脑子嘛，倒是不会转得更慢，但笔头吧，就说不准了，谁知道呢？"①）1987 年，*Elle* 杂志的记者米歇尔·菲图西对科琳娜·迈尔的书中所写的内容感到气愤，于是发表了《女超人受够了》（*Le Ras-le-bol des superwomen*），写了一堆要协调家庭与工作之间平衡的困难，还有女性解放的艰难现状。但显然有些人不可能允许自己为了给生活减点儿负担就删掉公式中的其中一项，或者，起码不是那一项。

　　当不再质疑那些自主不生孩子的女性的人品时，人们开始从她们身上寻找某些替代性的母性表现：女老师就是自己学生的母亲，书籍就是女作家的孩子等。劳利·丽斯在一篇反思如何解决没有孩子的污名的文章中，列举了一长串象征性做母亲的例子。这显然符合某种体面的个人需求。但按照网上评论的说法，这种类比惹恼了不少并非从事以上职业的女读者们。②"我就想翘了做母亲这门课。"克洛蒂尔德代表自己说道。她就是自主不生孩子的一员，而且她还是护士学校的老师，和学生的关系也不错。③

　　对大众而言，除了做母亲之外的任何自我实现不仅都是一种替代，而且是一种权宜之计。在讲述加布里埃·香奈儿④早年生活的电

①　露西·朱贝尔，《童车的反面》。
②　劳利·丽斯，《没有小孩》。
③　夏洛特·德贝斯特，《选择无子的人生》。
④　加布里埃·香奈儿（Gabrielle Chanel，1883—1971），法国的时尚设计师，香奈儿品牌的创始人。——译者注

影《时尚先锋香奈儿》(*Coco Avant Chanel*)里，我们就能看到这样的例子。年轻女人爱上了一个男人，但这个男人在一场车祸中去世了。镜头里的她满脸泪水，但到了下一个镜头，她迎来了第一场职业上的成功。在时装秀之后，来宾鼓掌，为她欢呼。而她坐在角落里，目光空洞而忧郁。结尾处的字幕告诉我们，她之后大获成功，但终身未嫁，也没有孩子。由此，人们可能会以为她在爱人逝去之后悲痛不已，活得就和修女一样，一心扑在事业上。然而，事实正好相反，香奈儿的一生精彩又跌宕起伏：她有过好几段情史，至少也是爱过好几个吧。事业成功也许是对她个人不幸的补偿——这种说法总有点儿操纵人心的意味，更有可能是灵活使用的陈词滥调。早在她的情人意外身亡之前，她就在搞事业了，但出于某种原因秘而不宣罢了。而这份工作显然也为她带来了无限的满足。

　　每当看到有人犹豫时，伊丽莎白·吉尔伯就鼓励他们来问自己为何不做母亲，因为她觉得有必要谈谈这件事。而丽贝卡·索尼特正好相反。她抱怨老被问同样的问题："我写作的目的就是寻找各种方式来表达那些难以捉摸又被忽略的东西，描述各种细微的差异，既颂扬集体的生活也赞美个人的生活，用约翰·伯格[1]的话说，寻找'讲述的另一种方式'。这就解释了我为什么对没完没了地用同样的方式讲事情感到无力与沮丧。"[2]她自己关于母性话题的文章来自某次她关于弗吉尼亚·伍尔夫的讲话。当时让她大为吃惊的是，现场话锋一转，竟然讨论起《达洛维夫人》或《到灯塔去》的作者没生孩子的事。在大西洋的这一头，2016年的玛丽·达里厄赛克(Marie Darrieussecq)

---

[1]　约翰·伯格(John Berger，1926—2017)，英国小说家、艺术史家、公共知识分子。被誉为"西方左翼浪漫精神的真正传人"。——译者注

[2]　丽贝卡·索尼特，《问题之母》。

也曾有过同样的惊诧。当时她受邀在《法国文化》（*France Culture*）这一节目上谈自己的新译作《一间自己的房间》①，主持人也直接向她提出了同一个问题。一开始，她还耐心回复说，伍尔夫的痛苦是深沉的，但谁也说不准没有孩子是不是其中一个因素。但之后，主持人还是不依不饶地追问，她终于爆发了："这让我很困扰！抱歉，我努力维持礼貌，但这真的让我恼火！会有人拿这些问题去问一个没有孩子的单身男作家吗？太可笑了！我觉得这么问，是只把她看成了一个女性的肉身，但这并不是她在其文章里做的事啊。"②这足以证明帕姆·格罗斯曼的观点是正确的，她在给《文学女巫》——伍尔夫绝对是其中的佼佼者——的庆典所作的前言中写道："人们仍旧认为创造孩子之外的其他事物的女性是危险的。"③更需要知道的是：即便你是弗吉尼亚·伍尔夫，也逃不了要做母亲的烦扰。那些不打算复制自己的女读者，或者是忽视了生孩子这事的女读者，收到警告了吧：没必要埋头写什么旷世巨作来转移大家对你这重大过失的注意力，错过这件事，你铁定会很惨，你还不知道吧。如果你想写东西，就为了其他理由写吧，比如说为了开心；不然的话，就用你那可耻的无聊空闲去树下读点儿小说，落得自在，或者做些你想做的其他事情。

　　20世纪70年代的女性运动导致的精神创伤也催生了许多荒诞的故事。比如，那时候并没有在公开场合烧毁任何一件胸罩。然而，所有人都坚信——苏珊·法吕迪也是那么写的——"女权主义将所

---

① 《一间自己的房间》（*Une Chambre à soi*），由弗吉尼亚·伍尔夫于1928年在剑桥大学以小说和女性为主题的一系列讲座汇集而成。——译者注

② 《弗吉尼亚·伍尔夫（4/0）：女性的空间》[Virginia Woolf (4/0). Un lieu pour les femmes]，*La Compagnie des auteurs*，France Culture，2016年1月28日。

③ 帕姆·格罗斯曼，"前言"，收录于Faisia Kitaiskaia、Katy Horan, *Literary Witches*。

有内衣都放上了火刑架"①。有时人们还会指责那时候的女权主义蔑视母性或是让那些向往做母亲的女人自惭形秽。这或许只是某些个人行为——当然这很令人遗憾——当时产生的女权理论里并没有这样的言论。在美国，研究者安·斯尼托在那段时期的女权文本中没有找到任何所谓的"憎恶母性"的痕迹。② 至于 1972 年由艾伦·佩克（Ellen Peck）创立的昙花一现的"全国非父母者组织"（National Organization of Non-parents，简称 NON），和女权运动一点儿关系都没有。实际上，不生孩子这件事极少，甚至可以说是基本上没被拿来辩护过。只有一次众所周知的例外：那就是 20 世纪 60 年代由一群非裔美国女性签署的《避孕宣言》（*Déclaration sur la contraception*）。有些黑人男性认为避孕是另一种形式的种族大屠杀。针对这个观点，这些黑人女性回应道，正好相反，这是"某种用来反对针对黑人女性与黑人儿童的种族大屠杀的自由"，因为没有孩子的黑人女性拥有更多的权利。③ 在法国，示威女性高呼道："等我想要生再生孩子！当我想要生再生孩子！""这里的'等我想要'的激进意味被'当我想要'冲淡了，"克里斯汀·戴尔菲（Christine Delphy）分析道，"运动总是把重点放在何时生和生多少上，却从未说过生与彻底不生。显然，女权运动从不敢表达这样一个理念：女人也许完全不想生孩子。"④夏洛特·德贝斯特认为："20 世纪 70 年代的思潮有反思性、社会性、还带

---

① 苏珊·法吕迪，《反冲》。
② 安·斯尼托（Ann Snitow），《母性：再探魔鬼的文本》（*Motherhood: reclaiming the demon texts*），收录于 Irène Reti（dir.），*Childless by Choice. A feminist Anthology*，HerBooks，圣克鲁斯，1992 年。
③ 劳利·丽斯，《没有小孩》。
④ 克里斯汀·戴尔菲，《现代西方母性：生育欲的框架》，收录于 Francine Descarries、Christine Corbeil（dir.），*Espaces et temps de la maternité*，Éditions du Remue-Ménage，蒙特利尔，2002 年。

有心理分析的色彩。它以某种方式发出了一个惊人的训诫："可以做你想的事情，但必须得生孩子。'"特别是女性，她们面临着某种矛盾的"爱生不生，但你想生"的生育欲悖论。她们对此又格外敏感，以至于那些自主不生孩子的女性——按照这位社会学家采访过的某位女性的说法——更倾向于"既不做她们自己想做的，也不做别人想让她们做的事"。① 珍妮·萨菲尔说有一天她突然意识到自己并不渴望孩子，她只是"想'渴望孩子'"。② 因此，我们自以为自己拥有"选择的自由"，实则这份自由是十分模糊的。

　　这样的文化氛围使那些不生孩子的女性自感孤立无援。"我不知道在多大程度上，你能心平气和地表达自己不想要生孩子的念头。"夏洛特·德贝斯特采访过的一位女性这么对她说道。③ 这种脆弱的心安理得——甚至有时并不存在——让那些不生孩子的女性在生活出现变故时，总不禁自问：是因为没有孩子吗？ 我想起每当自己撞到家具，磕碰到脚趾头（我只是夸张）时，总是有一个念头闪过：报应来了。有意或无意地，我总是在等待"报应"，付出所谓的代价，我才能过我想要的人生。相反，如果是一位母亲，不管她陷入什么样的困境，都很少会扪心自问，是不是她决定要孩子才让事情有所不同。尚塔尔·托马斯曾讲过这样一件轶事："有个女人来找我，告诉我她那吝啬的儿媳是如何用诡计把她从自己在布列塔尼的家里赶了出来。她见我无动于衷，便把矛头指向我说：'那您呢，您对孩子满意吗？ 和他们相处得好不好？''我没有孩子。'（沉默，对视良久）'那一

----

① 夏洛特·德贝斯特，《选择无子的人生》。

② 珍妮·萨菲尔，《在〈母性之外〉之外》。

③ 夏洛特·德贝斯特，《选择无子的人生》。

定很可怕。'她说着，然后就转身走了。"①

　　我 15 岁时——那时我已确定自己不想做母亲——被伍迪·艾伦②的电影《另一个女人》的视角给吓到了。里面的女主人公是一位 50 多岁的哲学教授，由吉娜·罗兰兹(Gena Rowlands)扮演。在电影结尾处，她崩溃地抽泣着说："我觉得我是想要个孩子的！"我花了一段时间才明白，这一幕并不是客观现实的反映，而伍迪·艾伦也不一定是女权主义者的参考。③ 那些自主不生孩子的女性会经常听到这样一句威胁："有一天你会后悔的！"这句话透露了一种很古怪的逻辑。难道就为了在某个遥远的未来不感到某种可能有，也可能不会有的后悔就强迫自己去做完全不想做的事吗？ 这个论点又把相关的人拉回了她们中的许多人想要逃离的那个逻辑，即某种具有前瞻性的逻辑：如果有了孩子，那他的存在会吞噬你的当下，你会终日活在如何担保他将来的日子无虞的担忧中：得贷款，得拼命工作，得操心未来留给他的遗产，得担心付他的各种学费等。

　　不管怎样，我无意冒犯伍迪·艾伦，但从长期来看，不生孩子似乎并没有造成多么大的痛苦。内维耶弗·赛尔，也就是前面提到的对不生孩子的女性存有偏见的那位心理医生，也不得不承认，她所采访的那些女性"并没有散发出失落或后悔的气息"。④ 作为一名外科兼妇科医生，皮埃尔·巴纳尔(Pierre Panel)发现那些做过绝育手术

---

① 尚塔尔·托马斯，《如何承担自由》。

② 伍迪·艾伦(Woody Allen, 1935—   )，美国导演、编剧、演员。《另一个女人》(Another Woman)是他执导的剧情片，于 1988 年上映，讲述了有关一个女人的苦闷回忆的故事。——译者注

③ 此处且不谈关于他性侵的指责。参见 Alain Brassart, Les femmes vues par Woody Allen, Le Monde diplomatique, 2000 年 5 月。

④ 日内维耶弗·赛尔，《没有影子的女人/还不清的债务》。

的女病人中，"极少"有人感到后悔："那些后悔的人，一般是在绝育合法化①之前遭受了——确实要用'遭受'这个词——输卵管绝育手术的女病人们，也就是说做出绝育这个决定的是医生而不是出于她们本人的意愿。"②当后悔存在时，它也确实是名副其实的。然而，有些学者还提出了一种假设，即存在某种被迫的后悔："说白了，就是女人们一生中都被告知不生孩子就不完整。当逐渐老去时，她们就觉得自己缺了点儿什么或是贬值了。"露西·朱贝尔总结道。她接着说道："我们要改变这个讯息，或许将来的某一天，我们会看到这个悔恨的幽灵会逐渐消失。③"希望这个社会能让女性实现想做什么就做什么的自由，夫复何求？"我不想被要求结婚，生孩子，做这，做那。我只想做个人。"37 岁的琳达说道。④

最后的秘密

有的后悔，即使很少存在，甚至可以说是微乎其微，但却会被广泛地提及。而另一种后悔，似乎经常存在，却被禁止提起：那就是成为母亲之后的后悔。我们可以说养孩子有各种糟心事，但最后总不忘来一句，不管怎样，养孩子使人幸福。这条游戏规则也正好是科琳娜·迈尔在《没有孩子》中抨击的那一条："要是我没有孩子，我会带

① 自主绝育的合法化是在 2001 年才实现的。
② 《我决定要绝育》(*J'ai décidé d'être stérile*)，收录于 Hélène Rocco、Sidonie Hadoux、Alice Deroide 与 Fanny Marlier 共同创建的网络资源库，www. lesinrocks. com，2015 年。
③ 露西·朱贝尔，《童车的反面》。
④ 夏洛特·德贝斯特，《选择无子的人生》。

着我的书挣来的钱环游世界。但现在呢，我被圈在家中，要做饭，要每天七点钟就起来，要盯着孩子背那些愚蠢的课文，还要洗衣服。所有这些为孩子做的事把我变成了老妈子。有段日子，我后悔了，并且我敢把它说出来。"她还说道："如果我没有孩子，不被困在忙家务、买东西和做饭的日常中，谁知道我会变成什么样呢？我承认我现在就只等着一件事：我的孩子们快点儿毕业，这样我才能有更多时间投入到我的小创作活动中。到时我该有 50 岁了。之后，等我年岁再大些，属于我的生活才刚开始。"[1]对禁忌话题的这般僭越招致了米歇尔的谴责："因为养育过程艰辛且打乱了生活而想要让后代消失的念头，我们哪位女性不曾有过呢？但到了她头上，却用最刻薄的笔触写了好几页的牢骚，其中有些许诙谐与才华，但只是为了给避孕药放行。"[2]此处所说的"诙谐"与"才华"只不过是"折中"和"墨守成规"的暗语。只有在世俗标准重新认可的情况下，才能公开。迈尔并不是唯一敢出格的人。2011 年，女演员阿内梦尼（Anémone）宣称："我害怕怀上孩子。"在经历了三次堕胎——其中两次是医疗条件很差——之后，她已经放弃堕胎了。她解释道，她最大的两个需求，一是独处，二是自由，所以如果没有孩子（她已有两个孩子）的话，她会"幸福得多"。"得耗费 20 年，"她说，"从到处跑的小婴儿长成身材瘦削的孩子，得给他报名，带他去上各种各样的课程。这令人筋疲力尽。生命就这么流逝了，日子不再是你自己的了。"[3]女记者弗朗索瓦丝·吉鲁（Françoise Giroud）也是这么觉得的。她说起自己的儿子："打从他

---

① 　科琳娜·迈尔，《没有孩子》。

② 　米歇尔·菲图西，《迈尔最糟的一本书》。

③ 　诺尔维·勒·布雷维贝克（Nolwenn Le Blevennec），《成为母亲以及后悔成为母亲：我害怕怀上孩子》，*Rue89*，2016 年 6 月 28 日。

出生那天起，我走路都比以前沉重了。"①

"这个女人应该被拖到大街上，用一把大锤子把她的牙齿都敲下来。然后让城里所有的孩子排成一排，每人用小刀从她身上割下一块肉。之后再把她活活烧死。"这是针对德国一个研讨会的发起者——以色列女社会学家奥尔纳·多纳特的一条匿名攻击。她曾组织过一次调查研究，让那些后悔成为母亲的女性发出她们的声音。②许多人对科琳娜·迈尔的行为感到震惊，认为她太不谨慎，公开表露自己后悔生孩子以及他们给她带来的沉重负担感，让孩子来承受这一切。与之相反的是，在奥尔纳·多纳特的调查中，参与的母亲都是匿名的，但正如我们所见，对此的敌意并没有减少。即使大众反应并非总是这么激烈，但大家总是在抵触承认她的调查研究成果。比如，有次在法国电台里，有位来电的女听众说，因为被采访的那些女性所在的国家在打仗，所以她们才会有这样的情感倾向。然而，这些女性在说到后悔成为母亲的理由时压根就没提起过巴勒斯坦被攻占或以色列社会的动荡。也有人说，多纳特采访的这些女性的孩子还小。等再过几年，她们回过头再来看这段岁月，又会觉得其实也挺美好的。可采访的这些女性中，有些已经是奶奶了。在德国的社交网络上，这项调查在♯后悔当妈♯的标签下引发了 2016 年的舆论风波。有位家里有两个青少年孩子的母亲责怪这项研究的参与者："这些女人真令人感到遗憾，没有在和孩子接触的过程中丰富自己，没有学会自我进化，没有发现与他们在一起时那些深刻的情感，没有用新眼光来看世界，也还不会欣赏生活中的琐碎，没能重新定义尊重、关注与

---

① 诺尔维·勒·布雷维贝克，《成为母亲以及后悔成为母亲：我害怕怀上孩子》。
② 奥尔纳·多纳特，《后悔当妈》。除有特别说明，下文援引同作者文章皆出自此著作。

爱，还没经历过至高的喜悦。其实，就是要抛开自私，展现谦卑。"她最后总结道："爱是毋庸置疑的！"①究竟从何时起，"爱"成了搪塞女人的借口了？爱不值得更好的名目吗？女人不值得被更好地对待吗？

"关于做母亲这个问题，社会只容许母亲们有唯一的一种回答：'我喜欢这感觉。'"奥尔纳·多纳特总结道。然而懊悔仍然存在，并且和所有秘密一样，当它没有被说出来时，它会化脓，在某个要紧关头或矛盾冲突时突然裂开。自以为遮掩着，孩子们就不会察觉或猜到这份懊悔的存在，也是不大实际的。许多美国作家——其中有男有女，有同性恋者也有异性恋者——在合集《自私、狭隘、只顾自己》中表达了自己对生育的抗拒。他们说自己从不相信那些理想化的家庭形象，因为他们就目睹了自己父母的挫败与苦涩，特别是在自己的母亲身上。"通过我母亲这个例子，我明白了一点：做母亲是没有质保期的。"丹妮尔·亨德森这样说道。② 米歇尔·胡内文（Michelle Huneven)说，她的母亲"之前明明想要有孩子"，结果却发现自己被孩子搞得心烦意乱。一点儿小事就能让她发火："比如孩子问了个问题，比如书放错了地方。"当米歇尔十几岁时，她的母亲会随时冲进她的房间，指责她又做了什么错事。有一天，她的母亲因糖尿病而感到身体难受。她在床上蜷成一团，丈夫陪在她身边，当她看到门口站着的两个女儿时，嚷嚷道："这两个该死的孩子是谁？让她们消失！我不想要孩子！快把她们赶走！"米歇尔说当时她才 10 岁，但已经感受

---

① 《后悔当妈？"爱是毋庸置疑的"》(Regretter d'être mère? "L'amour n'est jamais à débattre")，*Rue89*，2016 年 7 月 1 日。

② 丹妮尔·亨德森(Danielle Henderson)，《拯救自己》，收录于 Meghan Daum(dir.)，*Selfish, Shallow, and Self-Absorbed*。

到某种如释重负："我疑心好久的事情总算被说出来了。"①给这种做母亲的负面情绪一个可供宣泄的框架,或许能够安抚、疏导并缓和这种情绪,包括它可能引起的痛苦。这些女性可以找一个亲近的人倾诉,甚至可以在适当的时候向她们的孩子袒露心声。比如在某次平和的对话中对她的孩子说："你知道,我很爱你。我很高兴有了你。但我不确定自己完全胜任这个角色。"这和对孩子咆哮着说他阻碍了自己享受生活、希望他从未出生过可不是一回事。母亲的开诚布公或许能消除在他心头萦绕许久的一种恐惧,他之前或许会暗暗觉得是自己做得不够好才造成了母亲的懊悔,他害怕自己让人失望,害怕辜负母亲的期望。

　　奥尔纳·多纳特自己也不愿成为母亲,她也总能听到别人对她说,她有一天会后悔的。"'后悔'这个词被用作一种要挟,来强迫那些顽抗者成为母亲,在这种情况下,堕胎就不值一提了。"她分析道。她惊讶地发现,似乎没有人会认为有人竟然后悔把孩子带到人世上,于是她决定就这一主题展开调查研究。她自己的态度立马就在那些回应她公告的女性们中创造了某种共情与相互理解的纽带：她们共同的愿望——"不当任何人的母亲"——拉近了她们之间的距离。并且,她还发现了一点：与自主不生孩子的女性不同,那些想要孩子,但无法达成的女性在情感上或许与那些乐于做母亲的女性更有共鸣。这也让她注意到,家庭情况并不一定与内心深处的自我认同直接关联。一般来说,她拒绝将母亲与非母亲分成对立的两派：其著作的美国版开篇就是向她刚过世的祖母致敬。她的祖母叫诺嘉·多

---

① 米歇尔·胡内文,《爱好者》(Amateurs),收录于 Meghan Daum (dir.), *Selfish, Shallow, and Self-Absorbed*。

纳特(Noga Donath)，她喜欢做母亲的感觉。祖母与她曾就这个话题聊过许久。两个人都怀抱着好奇与善意倾听对方的声音，试图理解对方，希望对方过得快乐，也为对方的成就而欢喜。艾德里安·里奇也写道："'没孩子的女人'与'做母亲的人'之间的对立，是一种假的对抗关系，它只是让母性成规与异性恋成规更方便行事而已。人们只是简单地将她们一分为二，其实并没有那么简单。"①

多纳特的研究主题就是遗憾/懊悔本身，而不只是情感矛盾。她所采访的女性都说，如果时间可以倒退，她们不会再这么做。当成为母亲这件事被认为是使女人从"残缺"走向"完整"时，对于她们而言，事情刚好是相反的。有两个孩子的索菲娅说："如果此刻有一个小精灵出现在我面前，问我是否想让他们消失，就像一切从未发生过，我肯定毫不犹豫地回答是。"有三个十几岁孩子的斯凯(Sky)说："对我来说，这就是不可承受的重担。"她们都喜欢自己的孩子。她们不喜欢的是做母亲的经历，是做母亲这件事把自己以及生活变成了另一副模样。"我并不希望他们消失，我只是希望我不是一个母亲。"夏洛特这样总结道。"我是个出色的母亲，这一点毫无疑问，"索菲娅说，"我是个把孩子看得很重要的母亲。我很爱他们。我给他们读故事书，我向专业人士寻求建议，我尽力给他们良好的教育，给他们许多温暖与爱。但我讨厌做母亲。我真的讨厌做母亲。我讨厌做那个下禁令的人，讨厌做惩罚者。我讨厌这不够自由、缺乏自发性的状态。"阿内梦尼也做了这样的概念区分："当我的孩子站在我面前时，我没法看着他们说我后悔有了他们。这没有任何意义。但我后悔做了母亲。"②提尔莎(Tirtza)的孩子都 30 多岁了，自己也当了父母。但她

---

① 艾德里安·里奇，《女人所生》。
② 诺尔维·勒·布雷维贝克，《成为母亲以及后悔成为母亲：我害怕怀上孩子》。

说自己从第一个孩子出生时就意识到了自己的错误："我立马意识到，这不是为我自己做的。不单不是为我自己做的，还是我一生的噩梦。"家里有两个十几岁孩子的卡梅尔（Carmel）也有类似的经历："从那天起，我才开始明白我干了什么。随着年岁的增长，这感觉越来越强烈。"面对这些自白，多纳特得出结论：如果有些女性患上了产后抑郁——但这并不影响她们想当母亲的深层渴望，也不影响她们在未来生养其他孩子时感到幸福——那只是因为，孩子出生的那一刻给了她们后续无法调解的沉重打击。她请人们承认这一点，并允许她们开诚布公地说自己正在经历的事情。

有些人对为人父母及生养的普遍真理提出质疑："当有人说'什么也比不上孩子的微笑'时，这就是诱饵。根本不是那么回事儿。"生了四个孩子的珊妮吼道。但她从做母亲这件事里还是看到了为数不多的几样好处，其中之一就是感觉自己融入了大众，符合了社会期待。正如德博拉（Debra）所说，她们觉得自己"尽了本分"。至少，她们总算耳根清净了。布兰达有三个孩子，她忆起每次孩子出生时都会有的幸福感："紧挨着宝宝，如此亲近，满满的归属感与自豪感：你实现了一个梦想。这是别人的梦想，但无妨，是你让这个梦想成真了。"许多人都承认，虽然她们生了不止一个孩子，且从第一个孩子出生时就明白自己并不是生育机器，但还是迫于社会压力这么做了。萝丝有两个孩子，她说要是自己早点儿知道前方是什么在等着且"身边的人都能支持并接受她的决定"，那她绝不会再生了。前面提到过的夏洛特·德贝斯特采访过一个叫作吉拉尔丁（Géraldine）的年轻女人，她觉得几乎不可能"以平和的方式不想要孩子"[1]，此处正好是它

---

[1] 夏洛特·德贝斯特，《选择无子的人生》。

的反面情况。一方面,生子是一种异化、痛苦的选择,但此中的痛苦被周遭的社会赞许所缓和了。另一方面,不生子是与内在自我协调而达成的选择,这种选择也可以好好地执行,但周遭总有谴责的声音来削弱执行人的意志力。"作为一个选择了坚持不要孩子的女人,我的麻烦基本上只剩下一个：其他成年人。"丹妮尔·亨德森这样说道。①

总而言之,在这样的形势下,只有一种女人能够在一片祥和中安于自己的处境,与内在的自我达成一致并获得社会的认可：那就是想要生一两个孩子,因做母亲的经历觉得人生圆满且没有为此付出太高代价的女人。不管这是得益于有宽裕的经济条件,还是有一份既让她收获了成就感又给她留下了足够的家庭生活时间的职业,抑或是有一位充分参与教养孩子与家务劳动的伴侣,再或者是周遭有帮扶她的人——不管是家人还是朋友,或者以上皆有之。(如果是因为宽裕的经济条件,那她的幸福生活极有可能是建立在某个家佣或保姆身上,而后者却在一份薪水不高、满足感也不强的工作里牺牲了自己的安逸。)其他女人们都注定要遭受各种各样的痛苦,还互相嫉恨,因此互生嫌隙。艾德里安·里奇就记录了这么一段与一位"出色且没有孩子、才华横溢的女学者"的谈话："她说起聚会或平时与教师妻子共处时自己的感受,这些教师的妻子大多都有了孩子或希望有孩子。她觉得当时,她付诸心血的研究、她工作被认可所赋予的价值使她成了这个群体中唯一的单身女性,让她成了置身于众多母亲之中的在造人方面一事无成的'不育女性'。我问她：'那您有没有想过,有多少女性想要享受您所拥有的独立,去工作、去思考、去旅行,

---

① 丹妮尔·亨德森,《拯救自己》,收录于 Meghan Daum(dir.), *Selfish, Shallow, and Self-Absorbed*。

能够像您这样，以您自己的身份而不是以某个孩子的母亲或某人的配偶这样的身份出席某个场合？'"①对于所有人来说，很难不向往自己没有拥有的东西，至少总有些动摇的时刻，所以也就搞不太清自己到底是什么立场了。

　　所有在奥尔纳·多纳特的书中自我剖白的女性都怀着负疚感，同时又因为终于有机会开口诉说而释然。她们都害怕自己的孩子知晓自己承认的事情。玛雅现在怀着第三胎。她自己说自己是个好母亲，但还是坦言："没有人猜得到（我不想做母亲）。如果没人猜得到我是这样，那他就猜不到任何人都是这样。"有些女性已决意对自己的孩子闭口不提自己的感受，因为她们坚信孩子无法理解且会深深受伤。但并不是所有女性都是这样。比如罗坦（Rotem）对这项研究能发表出来就很开心，因为她认为必须输出这样一个讯息：做父亲或做母亲不该成为人生必走的过场，这正是为了自家女儿好："我知道得太晚了。我已经有了两个孩子。但我想至少让我的女儿们拥有这个选择权。"

　　这位研究者是希望我们能在她所采访的女性经历中看到：社会不但应该让做母亲这件事变得不那么艰难，还必须重新审视"为女必为母"这项强迫机制。某些女性的懊悔"表明了本来是有别的路的，但社会禁止她们走那些路，比如一上来就给她们封死了不做母亲这条路的路口"。就算我们把那些封禁的路都打开，世界也不一定会崩溃。也许我们甚至能避免许多悲剧、无谓的煎熬和困境。这样一来，我们会看到意料之外的更多幸福的可能。

---

① 艾德里安·里奇，《女人所生》。

第三章

顶峰之醉：打破"老巫婆"形象

几年前的一个夏夜，我正和女性友人 D 在某餐馆的露天座位上吃晚饭。那些露天座位的桌子挨得很近，D 又是个爱聊天的人：她既热情，又慷慨，洞察力很强，博闻强识。但说到兴起时，或许也因为她的职业习惯——总在讲台上对大学生们宣讲——她几乎忘了要控制音量。这就有点儿尴尬了，尤其是当她要帮你分析个人生活的最新进展时，还会帮你重新梳理一遍，再把你的情感问题一一抖落到一群陌生人的耳朵里。那天晚上，在我们旁边那桌用餐的是一对情侣。那位女性挨了 10 分钟，终于忍不住爆发了：

"拜托，小姐！不是吧！我们都听不到自己说话了！"

我朋友窘迫得连忙道歉，羞得差点把头埋进盘子里。但过了一会儿，她朝我扬起脸，竟是满面春风。她眼里闪着光，得意地对我小声说：

"她刚才管我叫'小姐'呢！"

我完全明白她想说什么。我俩都已 40 出头。也就是说，在这个岁数，作为职业地位稳定的知识分子，没从事什么繁重的劳动，有条件吃得健康，会保养自己，还会适当运动，这样的我们还能在常听见的"夫人"称呼里听到几声"小姐"。我也注意到了这件事。怎么能注意不到呢？一个男人，从 18 岁直到垂垂老矣，都只被称为"先生"。但对于一个女人，总有这么一个时刻，在她日常生活里经过的人们都要排着队向她指出，她已不再年轻。我至今还记得刚听到别人喊我"夫人"时，我有多恼火，甚至感觉被冒犯了。他们惊到我了。我花了好一阵工夫才说服自己这不是侮辱，并且我的价值也不倚仗我的年轻。我以前还嘲笑过阿里克斯·基罗·德兰，因为她坦率地承认自己沉迷于蔬果摊小贩喊她"小姐"，我自己也曾习惯于享受年轻女孩才有的优待。我自己都没察觉到，"年轻"这个标签根植于我对自己女性身份的认知中，并且很难剔除。

在写本章的内容时，我很抗拒。身体内有个声音说，我还不想直面年龄的话题：毕竟我还没到 45 岁呢。正如美国作家塞西亚·里奇(Cynthia Rich)在 20 世纪 80 年代就指出的："我们很早就学会了以自己与老女人之间的距离及相对于她的优势为傲。"[1]很难丢掉这份旧习气。我渐渐了解，到现在为止，我其实还未认真想过自己对衰老的偏见与恐惧。人们常说，老与死是当今社会的禁忌话题。或许只有女性衰老才被隐而不谈。甚至当讲述现代巫术的时髦英语杂志 *Sabat* [2] 做了一期关于典型的"老妇人"(The crone)这一专题，要颂扬其女性力量时，还是放上了一些年轻女性的形象，包括封面上也

---

[1]　塞西亚·里奇，《年龄歧视与美貌政治》(Ageism and the politics of beauty)，收录于 Barbara Macdonald(avec Cynthia Rich)，*Look Me in the Eye. Old Women, Aging and Ageism*，Spinsters Ink.，旧金山，1983 年。

[2]　据 *Sabat* 主创伊丽莎白·科隆(Elisabeth Krohn)所说，杂志的名字"Sabat"来自"安息日"(sabbath)一词，或可译为《安息日》杂志。——译者注

是,各个都是脸蛋光滑,身材紧致。[①] 其中一位还是代表性的精英经纪公司(Elite)的模特。这些女性刊物透过一张张时尚照片,周复一周、月复一月地让其读者们只向这些 16—25 岁间的模特看齐,故意对其中许多人已韶华不再置之不理。

塞西亚·里奇的伴侣芭芭拉·麦克唐纳(1913—2000)写了好几篇关于年龄歧视的重要之作。她在 1984 年时提到,随着年龄的增长,她再次体验到了另一种形式的无视:"我这一辈子,所有的小说、电影、广播或电视都从不告诉我女同性恋者活在这世上,也不告诉我作为女同性恋者可以幸福。如今,没有任何东西告诉我,老女人存活在这世上,同样也不告诉我作为老女人可以很开心。"[②]当看到女权主义圈子也不可免俗地对衰老一事保持缄默与偏见,甚至更严重时,她感到格外悲愤。每次聚会时,她都发现自己是最老的那个,这让她不禁想问别人都到哪里去了,年轻时与她并肩战斗的女人们都到哪里去了。在马萨诸塞州的剑桥市,当时 60 来岁的她常去当地的一家女权主义咖啡电影院,那家店的墙上贴着好多女权代表人物的海报,比如伍尔夫、玛丽·沃斯通克拉夫特(Mary Wollstonecraft)、格特鲁德·斯泰因(Gertrude Stein),还有艾玛·戈尔德曼(Emma Goldman)。提起常去光顾的那些比她年轻的女客人,她写道:"她们脑中没有我的位置,也不知道我为什么会来这家店。然而,我的年纪和那些海报上给予她们启示的女人差不多。"[③]

她讲了一件令人恼火的事情。在出发去某次波士顿女权夜间游

① 《老妇人》,*Sabat*,2017 年春夏,www. sabatmagazine. com。
② 《芭芭拉的引言》,收录于 Barbara Macdonald(avec Cynthia Rich),*Look Me in the Eye*。
③ 芭芭拉·麦克唐纳,《你记得我吗?》(Do you remenber me?),收录于 Barbara Macdonald(avec Cynthia Rich),*Look Me in the Eye*。

行之前，当时 65 岁的她突然发现其中一位活动组织者正在和塞西亚·里奇（比她小了 20 岁）说话，而她们俩谈论的主题就是她本人。那位组织者担心她跟不上游行的节奏，想把她挪到队伍的另一部分。芭芭拉大为光火。她觉得自己受到了羞辱：因为那位年轻女性认为她没有估量自己的气力，还因为她居然不直接跟自己说这件事。窘迫的组织者这才明白自己行为的不慎重，连连道歉，但仍无法驱散芭芭拉心头的不适。她感到十分沮丧：作为女人，她一生都觉得自己是男人世界中存在的问题；如今作为老女人，她觉得自己又成了女人世界中的问题。"如果我连这里都待不下去了，还能去哪儿呢？"①

她还注意到了一件有趣的事。1979 年，《女士》杂志（*Ms. Magazine*）发表了一份排名表：《20 世纪 80 年代要追随的 80 位女性》，其中只有六位年过半百，仅有一位超过 60 岁。她对此评价道："我说的无视，就是这个。"即使对于那些榜上有名的 40 多岁的女性而言，这里传达的讯息也很让人气馁：她们可以从中推断出自己将在十年内消失不见。更糟糕的是，该杂志还要搞个针对高龄者的排名表，并且解释说"杰出的女性有责任带动其他人"。在芭芭拉·麦克唐纳看来，这种逻辑暗示着"母亲的牺牲与隐形"②。一般来说，她与塞西亚·里奇都在呼吁女权主义者冲破父权社会的各种基准与家庭角色。里奇发现，当两个女人在自由畅聊时，如果其中一个心中嘀咕"她都能当我女儿了"或"她都能当我外婆了"，那对话会顿时卡住。甚至连"姐妹会"（sororité）这样的概念都引人怀疑。"其标签告诉我

---

① 芭芭拉·麦克唐纳，《你记得我吗？》（Do you remenber me?），收录于 Barbara Macdonald(avec Cynthia Rich)，*Look Me in the Eye*。
② 芭芭拉·麦克唐纳，《你记得我吗？》（Do you remenber me?），收录于 Barbara Macdonald(avec Cynthia Rich)，*Look Me in the Eye*。

们，我们得继续扮演好仆人的角色——管好自己也管好他人，正如好仆人一直做的那样。我们将使彼此专注于各自的角色。我们将否认彼此拥有的潜在的颠覆力量。"实际上，在看到法国报刊为刊登的一幅格洛丽亚·斯泰纳姆的照片所配的标题时，我大感震撼，甚至还有点儿愤懑[1]："祖母造反了。"这一标题不仅不恰当——因为斯泰纳姆不是任何人的祖母——还强调了我们的词汇表里并没有对应这种人物的词汇，而且它还将这位女性塑造成了与她相去甚远的某种居高临下的刻板形象。"每当我们将一位'老妇人'当成某位'祖母'看待时，都是在否认她独立的勇气，无视她的自由，"塞西亚如是说，"我们罔顾她自己的选择，对她说，她真正该待的地方是家里。"[2]

春归人老

　　1972 年，美国知识分子苏珊·桑塔格就男女衰老时呈现的"双重标准"写过一篇极妙的文章。[3] 她提到她的一个朋友在 21 岁生日那天哀嚎道："我人生中最好的时光过完了。我不再年轻了！"到了 30 岁，她又宣布：这回是真的到头了。十年之后，她告诉没来参加生日宴会的苏珊说，她的 40 岁生日是她一生中最糟糕的一天，但她决定好好享受余生。我又回想起自己 20 岁生日那晚，当时，我为自己张罗了一个生日晚宴，整晚都对来宾诉说我的焦虑——从现在起就老

---

① 参见 *Vanity Fair* 网页版，2017 年 2 月 13 日。
② 《塞西亚的后记》，收录于 Barbara Macdonald（avec Cynthia Rich），*Look Me in the Eye*。
③ 苏珊·桑塔格，《衰老的双重标准》（The double standard of aging），*The Saturday Review*，1972 年 9 月 23 日。

了呀,引得大伙笑成一团。这群家伙应该不会后悔来这一趟。我现在已不能理解那晚我的心境,但当时的一幕幕还犹在眼前。近年来,出现了两个直面女性衰老问题的伟大人物。一个是泰瑞丝·克莱克(Thérèse Clerc),她在蒙特勒伊(Montreuil)创立了芭芭雅嘉①之家(la Maison des Babayagas)——由女性自己管理的老人院。另一个是作家博努瓦特·格鲁(Benoîte Groult)(这两人都于 2016 年辞世了)。她们将衰老话题带入了法国的女权主义圈子。② 但我们也必须谈谈刻进女性骨子里的过时感,在女性一生中常常有对韶华已逝的担忧,且这份忧虑仅为女性独有:很难想象一个男人会在满 20 岁的那晚满地打滚,哀嚎自己已经老了。女演员佩内洛普·克鲁兹(Penélope Cruz)曾说过:"我刚满 22 岁,就有记者问我,'您担心变老吗?'"③芭芭拉·麦克唐纳在 1986 年就说过:"年轻女性接收到的讯息就是:年轻真好,变老真可怕。但如果有人在生命刚开始就告诉你,人生尽头很可怕,你怎么能好好开场呢?"④

　　女人关于韶华易逝的担忧有相当大一部分当然是和她们的生育能力相关。首先,这方面的生物学数据似乎证实了她们的忧虑:35 岁之后,女性越来越难受孕;过了 40 岁,还会有更高几率的胎儿畸形风险。但马丁·温克勒指出医生们总是危言耸听:"35 岁的女性,

---

① 芭芭雅嘉是斯拉夫神话中一个住在森林深处的女巫。——译者注

② 朱丽叶·雷恩(Juliette Rennes),《女性之衰老》(Veillir au féminin),*Le Monde diplomatique*,2016 年 12 月。

③ 克洛伊·多明戈(Klhoé Dominguez),《佩内洛普·克鲁兹被好莱坞对年龄的痴迷惹怒了》(Penélope Cruz agacée par l'obsession pour l'âge de Hollywood),*Paris Match*,2017 年 10 月 9 日。

④ 让·索罗(Jean Swallow),《脚踏生活:对芭芭拉·麦克唐纳和塞西亚·里奇的采访》(Both feet in life: interviews with Barbara Macdonald and Cynthia Rich),收录于文集 *Women and Aging. An Anthology by Women*,Calyx Books,科瓦利斯,1986 年。

100 个里仍有 83 个可以生孩子。即便到了 40 岁，她们的生育率仍有 67％！这远非很多医生描述得那么灾难性！"[①]另外，有些男性高龄得子——比如米克·贾格尔（Mick Jagger），他在 2016 年迎来了自己的第八个孩子，那时他已 73 岁且已经作了曾祖父——让人误以为，对于男性来说，年龄不是问题。然而，他们的生育能力也是随着时间流逝而递减的：大概在 30—34 岁之间达到顶峰，然后逐渐减弱，在 55—59 岁左右，会再弱上两倍。随着男性年纪渐长，怀孕的难度，甚至是流产的风险，以及染色体异常或胎儿患遗传性疾病的几率都会增高。[②]当然，女性也要有强健的身体来应对怀孕与分娩。但在孩子出生后，最好是父母双方都能照顾孩子。只把关注点放在母亲的年龄上是强化了之前的刻板模式，即把照料与教养孩子的绝大部分重担都压在女性的肩头。（米克·贾格尔最小的两个孩子就是由他们各自的母亲独自抚养的。孩子出生时，贾格尔与他们各自的母亲已经分手了。他只需依照自己的经济能力为他们提供住所及抚养费就行。[③]）最终，对男人完全没有对应约束，对女人则是只有做母亲才能变成真正的"女人"并得到满足。这样的理念为女性增添了额外的压力，而这份压力并不是天然存在的。

但焦虑也来自对体貌的担心。在某种程度上，年轻至上的氛围同时影响着女性与男性，男性也承受着年龄的影响。但社会看男性和看女性的眼光是不同的。一个男人永远不会因为年纪而被取消在情场嬉

---

① 马丁·温克勒，《白衣野兽》。

② 达芙妮·乐波特瓦（Daphnée Leportois），《关于父亲年纪话题的异常沉默》（L'anormal silence autour de l'âge des pères），slate. fr，2017 年 3 月 2 日。

③ 《73 岁高龄的米克·贾格尔第八次做父亲，但他和孩子的母亲已经分手了》（À 73 ans, Mick Jagger est papa pour la huitième fois mais séparé de la maman），gala. fr，2016 年 12 月 8 日。

戏的资格。当他开始展露出一些老化的痕迹时，既不会让人同情也不会令人反感。就在我写下这段文字的此刻，还是会有人为了 87 岁的克林特·伊斯特伍德（Clint Eastwood）那张饱经风霜的俊脸神魂颠倒。一项研究显示，好莱坞的女明星们到了 34 岁时身价会涨到最高，然后就开始迅速下降。而她们的搭档男明星们，身价顶峰是在 51 岁且其后仍可以保持稳定收入。[①] 2008 年美国总统大选的民主党初选中，保守派社论作家拉什·林堡（Rush Limbaugh）在谈到希拉里·克林顿时抛出这样一句话："难道这个国家真的想看着一个女人在眼皮子底下一天天老去吗？"然而，在贝拉克·奥巴马的两届任期内，众人却是满眼温柔地看着这位美国总统的头发一点点地变得花白，还觉得他顶着这一头华发甚是优雅（他曾自嘲"这是白宫效应"）。或许拉什·林堡没有被打动，但他至少永远也不会想到借此对这位男性进行语言攻击。

"并非男人比女人老得好看，只是他们被容许变老。"已故的凯丽·费雪（Carrie Fisher）于 2015 年转发了这条推特。当时《星球大战》系列的新篇章刚上映，观众们震惊地发现莱娅（Leia）公主不再是 40 年前那个穿着金色比基尼的棕发女孩了（有些人还嚷嚷着要精神损失费）。[②]

[①] 伊蕾娜·E. 德巴特（Irène E. de Pater）、提莫蒂·A. 加吉（Timothy A. Judge）与布伦特·A. 斯科特（Brent A. Scott），《年龄、性别与报酬：关于好莱坞电影明星的调查》（Age, gender and compensation: a study of Hollywood movie stars），*Journal of Management Inquiry*，2014 年 10 月 1 日。

[②] 劳伦·赛德-莫豪斯（Lauren Said-Moorhouse），《凯丽·费雪回击〈星球大战〉观众们的身体羞辱》（Carrie Fisher shuts down body-shamers over Star-Wars），CNN. com，2015 年 12 月 30 日。为了这部电影，制作团队让这位女演员减重 15 公斤。这或许是 60 岁的她于 2016 年 12 月 27 日突发心脏病去世的诱因之一。参见琼恩·伊格拉什（Joan Eglash），《凯丽·费雪的尸检报告：为〈星球大战〉减重、嗑药、双向情感障碍导致她 60 岁就过世？》（Carrie Fisher autopsy: did Star Wars weight loss, drugs, bipolar disorder contribute to death at 60?），Inquisitr. com，2017 年 1 月 2 日。

有时，人们会嘲笑那些染发的男人：在弗朗索瓦·奥朗德①当选后，前任总统尼古拉·萨科齐曾大声地问随行人员："你认识其他染发的男人吗？"五年后，这位社会党总统的前联络人矢口否认发生过这件事，无非是为了免得他丢脸。但对于大多数女性都染发这件事，没人会觉得它荒谬。在 2017 年下半年的一次调查里，法国 45 岁以上的男性中只有 2％坦言自己染了发，而 45 岁以上的女性中染发人群达到了 63％。② 巴勃罗·毕加索（Pablo Picasso）在去世前几个月的时候，还被拍到在自己的工作室里穿着平角短内裤或是穿着泳衣，在比他小 45 岁的最后一任女友杰奎琳·洛克（Jacqueline Roque）身边嬉戏，苏珊·桑塔格在她的文中评论道："无法想象一位 90 岁的女性像他一样被拍到在自己位于法国南部的豪宅里，只穿着短裤和凉鞋。"③

"人心自有它的道理"

女人的时效感还反映在我们在众多情侣身上看到的年龄差中。在 2012 年的法国，生活在同一屋檐下的情侣中，十例有八例是男性年长于女性（即使只是年长一岁）。④ 情侣中有 19％的情况是男性比

---

① 弗朗索瓦·奥朗德（François Hollande, 1954—　），法国社会党成员，于 2012—2017 年任法国总统。下文的尼古拉·萨科齐（Nicolas Sarkozy, 1955—　），法国共和党成员，于 2007—2012 年任法国总统。——译者注

② 吉勒美特·弗尔（Guillemette Faure），《男人染发：不愿做的伪装？》（Teinture pour hommes, l'impossible camouflage?），M le Mag，2017 年 12 月 29 日。

③ 苏珊·桑塔格，《衰老的双重标准》。

④ 法比安娜·达盖（Fabienne Daguet），《越来越多的情侣是姐弟恋》（De plus en plus de couples dans lesquels l'homme est plus jeune que la femme），Insee Première，第 1613 期，2016 年 9 月 1 日。

女性大五到九岁。而相反的情况只占 4%。当然，情侣中女性年龄大过男性的比例已经有所提高：1960 年情侣中姐弟恋的比例为 10%，到了 2000 年已经提升到 16%。然而在 20 世纪 50 年代，情侣间年龄差超过十岁的比例几乎涨了一倍，从之前的 8% 增长到 14%。[①] 有些人直言不讳自己就是喜欢年轻的。有一位刚分手的 43 岁的摄影师就这么说："一想到和我这个年纪的女人开始一段关系，我完全无法接受。我有次把 Tinder[②] 上的年龄上限提高到了 39 岁，但真的没办法。"[③] 弗雷德里克·贝格伯德（Frédéric Beigbeder）在 48 岁时娶了 24 岁的女性。他说，"年龄差距是情侣能长久相处的秘诀。"他专门写了本关于 J. D. 塞林格[④]与年轻的乌娜·奥尼尔（Oona O'Neill）之间故事的小说，后者后来成了查理·卓别林的妻子，她比卓别林小了 36 岁。瑞士作家罗兰·杰卡德（Roland Jaccard）[他还是极右杂志《健谈者》（*Causeur*）的创始人之一]在 74 岁时与他的伴侣，比他小 50 岁的玛丽·赛艾尔（Marie Céhère）共同署名发表了关于他们相遇的故事。他说他"发现女人是一下子就老了的，而且比男人更糟糕"。[⑤] 当《时尚先生》（*Esquire*）杂志突然顿悟，决定推出一期盛赞"42 岁的女人"的专题[⑥]时——其实最终呈现的效果并没有听上去那么令人反感——网络杂志 Slate 以《56 岁的老男人》这一讽刺性颂歌

---

① 文森特·科克贝尔（Vincent Cocquebert），《青春那不可抵挡的魔力》（L'irrésistible attrait pour la jeunesse），*Marie Claire*，2016 年 9 月。

② Tinder 是国外的一款手机交友 APP。——译者注

③ 文森特·科克贝尔，《青春那不可抵挡的魔力》。

④ J. D. 塞林格（J. D. Salinger，1919—2010），美国作家，著有《麦田里的守望者》等。——译者注

⑤ 文森特·科克贝尔，《青春那不可抵挡的魔力》。

⑥ 《重大新闻：42 岁的女人很美》（Breaking news：les femmes de 42 ans sont belles），Meufs，2014 年 7 月 11 日，https：//m-e-u-f-s. tumblr. com。

作为回击，这刚好是《时尚先生》那篇文章的作者的年纪。

　　电影行业在规范年龄范畴方面助力不少。2015 年，美国女演员玛吉·吉伦哈尔（Maggie Gyllenhaal）公开抗议，因为公众说 37 岁的她太老了，扮演 55 岁男人的情人不合适。① 不少美国媒体还专门制作了历部电影中出现的巨大年龄差的图表，这些电影中的年龄差比真实生活中大得多。他们从中看到了一个讯息：电影业仍是男人的产业，反映的是他们的幻想。②《赫芬顿邮报》也对法国电影业做了同样的报道，公布了极具说服力的曲线图——特别是对丹尼尔·奥图（Daniel Auteuil）、蒂埃里·莱尔米特（Thierry Lhermitte）或弗郎索瓦·克鲁塞（François Cluzet）这样的男演员——不过年龄差还是比不过大洋彼岸的美国。该报总结道："在当今的法国电影里，我们再也找不到只匹配同龄女搭档的了。"③ 2014 年，喜剧演员蒂娜·菲（Tina Fey）与艾米·波勒（Amy Poehler）在好莱坞金球奖颁奖典礼上，这样总结由乔治·克鲁尼与桑德拉·布洛克主演的《地心引力》（Gravity）的情节："这部电影讲的是乔治·克鲁尼宁愿放手让自己漂浮在外太空死掉，也不愿返回太空舱与跟他同龄的女人同处一室的故事。"

① 　莎轮·维斯科曼（Sharon Waxman），《玛吉·吉伦哈尔谈论好莱坞的年龄歧视：我被告知，37 岁"太老了"，当不了 55 岁男人的情人》（Maggie Gyllenhaal on Hollywood ageism: I was told 37 is "too old" for a 55-year-old love interest），The Wrap. com，2015 年 5 月 21 日。
② 　参见凯尔·布坎南（Kyle Buchanan），《男主角会变老，但他的情人不会》（Leading men age, but their love interests don't），Vulture. com，2013 年 4 月 18 日；以及克里斯多夫·英格拉哈姆（Christopher Ingraham），《好莱坞爱情最不现实的东西，形象化》（The most unrealistic thing about Hollywood romance, visualized），Wonkblog，2015 年 8 月 18 日，www. washingtonpost. com。
③ 　《在法国电影中，男人会爱上与他们同龄的女人吗？》（Et dans le cinéma français, les hommes tombent-ils amoureux de femmes de leur âge?），HuffPost，2015 年 5 月 22 日。

然而,如果是一个女人有了一个比她小的伴侣——这种情况要少得多——那他们之间的年龄差距不仅不被视为寻常之事,还会被大肆强调与讨论。这个女人会被贴上"熟女"(cougar)①的标签,这词专指女性,倒没有男人被贴上类似的标签。我朋友跟我说,在他女儿的小学里,如果一个女生喜欢上了低年级的男生,那她就会被贴上这个标签……2017 年,政界也为这种区别对待提供了一个完美的例证。比丈夫大了 24 岁的布里吉特·马克龙成了无休止的"玩笑"与性别主义中伤的目标。《查理周刊》(*Charlie Hebdo*)有一期(2017 年5 月 10 日)用了里斯(Riss)的一幅漫画,标题是"他要创造奇迹啦!"所画的是法兰西共和国的新总统骄傲地指着妻子圆圆的肚子。这是再一次且一如既往地将女性贬低为只有生育功能的工具人,并诋毁已绝经的女性。反之,唐纳德·特朗普虽然被从里到外嘲讽了个遍(且都有理有据),但从未有人提及他与妻子梅拉尼娅(Malania)之间23 岁的年龄差。②

近几年来,女性所写的涉及这一话题的书籍用新鲜的视角审视了恋爱关系中可能呈现的厌女情绪与暴力行为。卡米尔·劳伦斯(Camille Laurens)有一本令人沮丧的小说——《别问我是谁》(*Celle que vous croyez*)。里面的女主人公年近 50,却在脸书网站上把自己塑造成一个 24 岁的迷人单身女性。出版社推介这部小说时称这是一部关于"不愿向欲望妥协"的女人的故事。③ 我不知道其中哪种预设更吸引我：是认为 48 岁了,就不该假装自己还有恋爱生活以避免

①　"cougar"的字面意思是"美洲狮""美洲豹",引申为专指追求年轻男性的女性。该词曾在 2007 年被《时代》杂志选为十大流行词之一。——译者注

②　克雷蒙·布丹(Clément Boutin),《男人也受"年龄羞辱"之苦吗?》(Les hommes sont-ils eux aussi victimes d'age-shaming?),LesInrocks. com,2017 年 6 月 17 日。

③　卡米尔·劳伦斯,《别问我是谁》,Gallimard,"Blanche",巴黎,2016 年。

尴尬，还是觉得"不妥协"就意味着把年龄减去一半？不管怎样，在我看来，小说讨论的真正主题是里面的男主人公们——都是可憎的——的卑劣程度。地理学家西尔维·布鲁内尔（Sylvie Brunel）有一部以自身经历为素材的书①：2009年，她的丈夫——时任臭名远扬的移民与国家认同部部长的埃里克·贝松（Éric Besson），这个和她生了三个孩子的男人为了一个23岁的女大学生背叛了他们23年的婚姻，抛弃了她。她举了许多身边有同样"被离弃"经历的女人们的例子。比如阿涅斯（Agnès），在她45岁的某一天，她的丈夫说她现在只不过是头"大母牛"，随后想尽一切办法地将她赶出家门，以便和小20岁的姑娘开始他的新生活。

西尔维·布鲁内尔发出诘问：女人的解放是否就是男人解放的对立面？她指出，在离婚普及之前，男人在不离弃妻子的前提下也可以有情人，但这至少保证了妻子有一定的物质保障。她那位急着恢复自由身的前夫倒是把财产都留给了她，但她注意到，对于其他许多女人来说，分开就意味着残酷的贫穷："我认识很多女人，她们不仅被抛弃了，而且抛弃她们的男人品行还差，吝啬、自私、暴脾气，让她们背了一身债还不愿承担自己孩子最基本的开销——孩子当然还是女方在养。"一般来说，妻子们承担了绝大多数的家务与教养孩子的工作，并且还忽略或牺牲了自己的事业。西尔维·布鲁内尔说，贝松从不知道怎么用洗衣机。当贝松在地方上当选的时候，群众们在街上拦住西尔维，让她代为转达他们的问题时，总是用如下这种华丽的套话："我知道您丈夫特别忙……"布朗蒂娜·勒诺瓦（Blandine Lenoir）执导的电影《奥罗拉》（*Aurore*，2016）反映了相似的情况，但

①　西尔维·布鲁内尔，《女性专用游击战手册》（*Manuel de guérilla à l'usage des femmes*），Grasset，巴黎，2009年。

其背景没有那么资产阶级。阿涅斯·雅维（Agnès Jaoui）在电影中饰演一位 50 岁的女性，也是两个女孩的母亲，她长年在丈夫的小公司里做着会计的工作。她工作这些年的所有活动没有留下任何记录——尤其是没有领过一分钱——因为她的丈夫，也就是那个后来为了和别人重组家庭而把她甩了的男人，一直觉得没必要给她做工资单。当她从当过服务员的餐馆里摔门而出时，她发现自己又回到了当初的孤独与飘摇中。分道扬镳的那一刻，真相显露出来，夫妻间长久存在的不平衡暴露于光天化日之下。赢家卷走全部赌金，潇洒离去。在法国，34.9％的单亲家庭，即两百万人生活在贫困线以下，相对生活在贫困线以下的有伴侣人群比例为 11.8％。生活在贫困线以下的单亲家庭中，82％为独立抚养孩子的单身女性。①

进化论心理学总试图用遗传学来证实男女的差异与不平等，却完全忽略了文化的影响。② 该理论解释说男性天生就是要在尽可能多的年轻女性样本中播撒自己的基因，也就是说要尽量展现能反映他们繁殖力的外在迹象，所以清理掉临近绝经期的女性样本只是应种族繁衍需求而生的间接效应，虽然这个效应令人感伤，但不得不听之任之。然而，只要有一个男人是爱着并渴望一位绝经期女性的——且不说这样的男人有许多——就足以推翻这一理论，除非从这个男人身上发现某处基因缺陷。尽管如此，我们还是能从上述情境中看到父权旧秩序的顽固余威。在法国，直到 2006 年，男性的法

---

① 《单亲家庭常有贫困相伴》（Famille monoparentale rime avec pauvreté），Inegalites. fr，2017 年 11 月 30 日。

② 米歇尔·博松（Michel Bozon）、朱丽叶·雷思，《性规范的历史：年龄和性别的控制》（Histoire des normes sexuelles：l'emprise de l'âge et du genre），*Clio*，第 42 期"Age et sexualité"，2015 年。

定结婚年龄都是 18 岁，而女性的门槛为 15 岁。[1] 在社会学家埃里克·马塞（Eric Macé）看来，当今夫妻之间存在的年龄差带有时代的烙印："旧时对女性的社会定义是能生养的雌性配偶。"男人，随着年岁渐长，"其经济能力与社会能力也见长"；但女人呢，则"逐渐失去其身体资本，即她的美貌与生殖力"。[2] 这样的时代显然并没有结束。如今的女人们在理论上是自由身，靠自己谋生，也靠自己积累经济与社会实力，但她们也常常迫于孩子的重担基本都压在她们身上的现实，也就是说仍要被迫接受她们"是能生养的雌性配偶"这一现实。就此而言，能轻易离婚，即便是件好事，也是便于男性配偶在人生半道上甩脱她们，另寻一个"身体资本"完好无损的女性。

另一位社会学家玛丽·博格斯特罗姆（Marie Bergström）在研究恋爱网站 Meetic 的年龄标准的应用时，发现越来越多 40 岁以上、已经历一次分手或离婚的男性用户只找比自己更年轻的女性伴侣。她认为，这是因为一般都是由他们的前妻来照看孩子，教养孩子的事务也较少影响到他们。比如，一位 44 岁的离婚男性就讲到，他的新女友一开始担心自己住得离她有点儿远。他向女友打包票说不成问题，因为"没有什么能将他耽搁"在他所居住的城市，尽管他是两个少年的父亲。"为了爱情，我甚至能穿越海洋。"他说道。"伴侣分开使男人重拾青春，"研究者这样总结道，"他们恢复了自由身，又没有孩子的负担，他们准备好开始一段新旅程，寻求'与他们同样'年轻的女性作伴。"有趣的是，我们在没有孩子的单身女性身上

---

[1] 参见伊莱娜·乔纳斯（Irène Jonas），《我是泰山，你是珍妮：对科学复原男女差异的批判》（*Moi Tarzan, toi Jane. Critique de la réhabilitation scientifique de la différence hommes/femmes*），Syllepse，巴黎，2011 年。

[2] 援引自克雷蒙·布丹，《男人也受"年龄羞辱"之苦吗？》。

也找到了这种青春感，比如有位 49 岁的女作家，她就渴望觅得一位新男友。她将年龄限制定为最低 35，最高 50 岁："但我已经不太能接受这样的年龄了。当我看到 50 多岁的男人照片时，会觉得他们真老啊！"[①]

　　与年龄相关的不平等既是最易察觉到的，也是最难辩驳的。总不能强迫人觉得女性变老的迹象是美的吧，总有人会对我这么说。有段时期，索菲·冯塔内尔在 Instagram 网站上与粉丝分享她头发渐渐花白的过程。有一条留言让我恍惚许久："说实话，很丑。"（智慧的冯塔内尔认为这些攻击性的言论只是表达了这些使用者对自我的憎恶，而并非针对她的恶意。）在这一点上，我们怎么可能没意识到是条件反射、偏见和长久以来的各种艺术表现作品决定了我们的眼光并铸就了我们有关美丑的概念？那些在推特上匿名骚扰女性主义者的人经常说她们很"丑"："所有不顺从的女人都丑。"大卫·勒·布雷顿[②]这样解释他们的话。而美国哲学家玛丽·达利留意到"富有创造力的、强烈的女性之美"如果"放到厌女者的审美标准里就是丑的"。[③]年岁渐长意味着失去了生育力和诱惑力——至少在主流标准中是这样——而且还没法面面俱到地照顾好丈夫与孩子，这也是一种叛乱，即便不是出于她的本心。这也唤醒了人们对女人一直都存在的恐惧感，因为这时的她"不再只为了创造新的人类与照顾他们而存在，她也为了创造自我和照顾自我而活"，塞西亚·里奇这样写道，"衰老的

---

① 玛丽·博格斯特罗姆，《在法国恋爱网站上的年龄和性别的使用（2000 年）》（L'âge et ses usages sexués sur les sites de rencontres en France（année 20000）），*Clio*，第 42 期 "*Âge et sexualité*"，2015 年。

② 大卫·勒·布雷顿，《丑陋的性别》，Claudine Sagaert, *Histoire de la laideur féminine* 一书的序言。

③ 玛丽·达利，《女性/生态学》。

女性身体提醒大家想起一个事实：那就是女人体内拥有一个不为别人活的'自我'。"①在这样的思维作用下，人们怎能不将女人的衰老视同变丑？

　　同样的问题也体现在了情侣的年龄差或女性一到40岁中后段就遭到抛弃的现象里。人们普遍认为，这是一种宿命。这种事屡见不鲜，人们也就见怪不怪了。"我丈夫和一个年轻女孩跑了，哈哈哈。"艾瑞卡苦涩地说道，她是1978年由保罗·马祖斯基（Paul Mazursky）执导的电影《自由的女人》(*Une femme libre*)②里的女主人公。即便如此，我们还是不会禁止男人离弃他们不再留恋的女人，也不会容许女权主义者们宣称自己欢快地混迹于情场中来加剧那些女人的悲惨。毕竟，正如伍迪·艾伦谈到他与前妻共同领养的养女，也就是他的现任妻子——比他小35岁的宋宜的关系时所说，"人心自有它的道理"③。另外，更为严重的是：夫妻关系中对男人有利的年龄差异观念在民俗民风中根植之深，以至于由此产生了各种各样的状况。甚至当情侣间的年龄差距极大时，我们也不能排除的可能性是这样的结合之所以存在只是社会容许他们这么做，而不是对方的年龄在吸引彼此时起到了什么决定性的作用。不能断言所有男人都是专横的混蛋，而所有女人都是顺从的笨蛋或机会主义者——这会让我和身边80％的人闹翻，当然我不想这么做。不过，这一现象还是值得审视的。

---

① 塞西亚·里奇，《塔里的女人》(The women in the tower)，收录于 Barbara Macdonald (avec Cynthia Rich)，*Look Me in the Eye*。
② 该片英文译名为"*An Unmarried Woman*"（《不结婚的女人》）。——译者注
③ *Time Magazine*，2001年6月24日。

对固有形象喊停

　　美剧《大城小妞》（*Broad City*）讲述了两个身无分文的年轻女孩——伊拉纳（Ilana）和艾比（Abbi）在纽约的一系列经历。在 2017 年 10 月播放的那一集开头①，伊拉纳发现了艾比的第一根白头发，嫉妒地喊道："你成女巫了！一个非常时髦且强大的女巫！你有魔法了！"艾比并不像伊拉纳那样激动。当天晚些时候，似乎拥有了新身份的她还真遇到了一位女巫，但她也遇到了她的前男友，他正在和伴侣及孩子一起散步。她沮丧得不行，终于崩溃了，于是跑到皮肤科医生那儿要打肉毒杆菌（Botox）。（与此同时，艾比去咨询了某位性学女大师，因为自从特朗普当选后，她就再没有过性高潮。）那位皮肤科医生已经 51 岁了，但她看上去起码小 20 岁。"看上去年轻，算是许多女性的第二份全年无休的工作了，但却是砸钱的那种。"她眉飞色舞地说道。艾比惊恐地看着医生办公室里有点儿极端的"术前/术后"照片，有点儿后悔来这儿了。在逃跑之前，她对医生说："我觉得你很漂亮，并且我认为就算你没有对自己的脸做那些事情，你也会一样很漂亮。"医生闻言爆笑，但突然僵住，惊诧道："啊不，我大笑了……"然后担心地摸着自己的脸。（这集终结在中央公园里的一场大型巫魔夜会，其中有伊拉纳、性学女大师与其他女巫。艾比把皮肤科医生也带来了。）

　　为了试着躲开被抛弃羞辱的悲惨命运，更广泛地说，为了避开与

---

① 《女巫》，《大城小妞》第 4 季第 6 集，Comedy Central，2017 年 10 月 25 日。

年龄有关的污名，但凡有点儿条件的女人都会想方设法地维持自己的外貌。她们接下了这个荒谬的挑战：佯装岁月无痕，然后让自己接近社会所认定的 30 岁以上女性唯一可接受的样子：一个活泼可爱的年轻姑娘。她们怀抱的最大野心不过是被夸"保养得好"。这份压力在名人身上更大。如今已逾六旬的伊娜丝·德·拉·弗拉桑热 (Inès de la Fressange)仍保持着 40 年前为香奈儿走秀时的纤细身材、光滑脸蛋以及一头栗色秀发。20 世纪 90 年代的超模们使尽浑身解数(当然还投入好大一笔钱)让自己的每次亮相在世人眼中都是："哇哦，她一点儿没变！"这也是 2017 年 9 月范思哲大秀的意义，这场秀集结了卡拉·布吕尼(Carla Bruni)、克劳迪亚·席弗(Claudia Schiffer)、娜奥米·坎贝尔(Naomi Campbell)、辛迪·克劳馥(Cindy Crawford)与海莲娜·克里斯汀森(Helena Christensen)。她们都穿着同款超紧身的金色连衣裙，凸显出依然那么苗条的身材与依然那么修长的双腿。多纳泰拉·范思哲(Donatella Versace)解释道，这场秀的灵感来自 1994 年辛迪·克劳馥与当年的其他模特穿着同款裙子走的那场秀。在社交网络上，有人说从这场秀里看到了"真女人"的回归。索菲·冯塔内尔评论道："说到底，认为一些几乎是被整形医学再造为人的女人才是'真'女人也太可笑了。我这么说并没有恶意，因为每个人都可以做自己想做和能做的事。只是这个有毒的形象，传达给我们的是一个可笑的女人幻象：一个女人竟可以在 25 年间恍若不老，没有皱纹，没有松弛，没有白发，仿佛真的没有发生变化。"她总结道："50 岁的女人该是什么样，她的美丽、她的自由，仍是一片未经开发的土地。"①

---

① 索菲·冯塔内尔，《范思哲的超模走秀：时尚圈最有毒的形象》(Les super-models défilaient pour Versace：l'image la plus virale de la mode)*L'Obs*，2017 年 9 月 25 日。

有一位美国摄影师尼古拉斯·尼克森(Nicolas Nixon)，他的理念与上述的保鲜逻辑截然相反。从 1975 年起，他每年都为自己的妻子蓓蓓·布朗(Bebe Brown)和她的三个姐妹海瑟(Heather)、咪咪(Mimi)和洛丽(Laurie)一起拍张黑白照。他就这样安静地记录着她们的衰老，将这件事当作一件有趣和有爱的事去展示。当年每个人的内心状态、她们之间的关系、她们所经历的事情，都留给人们想象的空间。"我们每天都能看到很多女人的形象，但那些表现女性衰老的艺术形式却还是很少见，"记者伊莎贝尔·弗劳尔(Isabelle Flower)留意到这一现象，"更奇怪的是，有些女性，我们都清楚她们已有了些年纪，但停留在我们面前的仍是她们的青春美貌，魔幻得就像个仿生人。而尼古拉斯·尼克森对女人的关注是把她们当成表现对象，而不只是一张张图像。他想做的，是展现时间的流逝，而不是拒绝接受。年复一年，他给布朗姐妹们拍的照片记录了我们的生命行进的节奏。"①

美国杂志《诱惑力》(*Allure*)在 2017 年做了一件值得关注的事。该杂志宣布在自己的刊物内禁止使用"抗老"来描述某些疗法或化妆品："如果生命中有什么不可避免的事，那就是我们会变老，"该杂志的总编辑米歇尔·李(Michelle Lee)这样写道，"它发生在每一分，每一秒。而老去是一件美妙的事情，因为它意味着每天我们都有机会活得充实且快乐。……所说的话很重要。当人们谈论某位 40 岁以上的女性时，常说，'她挺好看的……毕竟在她这个年纪。'下次您要是想这么说时，请尽量言简意赅地说，'她可真好

---

① 伊莎贝尔·弗劳尔，《看尼古拉斯·尼克森给布朗姐妹们拍的第 43 幅人像照》(Looking at Nicolas Nixon's forty-third portrait of the Brown sisters)，*The New Yorker*，2017 年 12 月 12 日。

看。'……这并不是宣称变老的一切都是美好的。但不该再将人生当作一座山丘，一到 35 岁就是下坡，然后一路自由落体般地下滑。"①有人会说，这些事不是大家都会经历的吗？或许吧；有时候，这些大家都会遇到的事情却成了生死攸关的问题。2016 年，在瑞士，"解脱"（Exit）这一援助自杀的组织帮助一位没有任何不治之症的八旬老妇人实现了死亡的意愿，由此引发了一场调查。她的医生解释说，这位老妇人"非常矫情"，"受不了自己变老"。② 证实了她当时完全神志清醒时，这案子就结了。但我们会看到一个老头子出于同样的原因求死吗？

索菲·冯塔内尔在《一个幻影》中说出了自己的人生哲学："女人并不是非得保持自己年轻时的样子。她们完全有权利用另一种面貌、另一种美丽来丰富自己。"③（她又说道："我不是说都得这么做，每个女人选她觉得好的就行了。"同样，我这里也只是试图阐明社会期待我们成为什么样以及阻止我们变成什么样，但并没有说应该跟它对着干。做女人一点儿也不容易，每个女人都应做出自己的权衡——总是有可能向着这个方向或那个方向发展——尽她所能，如她所愿。）即便是像博努瓦特·格鲁（Benoîte Groult）这样无畏且无可指摘的女权主义者都没想过美丽与年轻可以是两码事："对美丽的忧虑，其本身并不反女权。"她这么为自己做的面部拉皮手术解释道。④ 并且，听她所说的身边年长女性们的命途多舛，人们也就不忍

① 米歇尔·李，《杂志〈诱惑力〉将不再使用"抗老"一词》（Allure magazine will no longer use the term "anti-aging"），Allure. com，2017 年 8 月 14 日。
② 克里斯汀·塔洛斯（Christine Talos），《她无法忍受变老，"解脱"组织帮她解脱》（Elle ne supportait pas de vieillir, Exit l'a aidée à partir），*La Tribune de Genève* ，2016 年 10 月 6 日。
③ 索菲·冯塔内尔，《一个幻影》。
④ 援引自朱丽叶·雷恩，《女性之衰老》。

苛责她了。相反的是，索菲·冯塔内尔明确表示要把二者区分开来："我并不追求年轻，但我追求美丽。"①她这样写道。对我来说，当我再看到自己 25 岁的照片时，首先会为当年婴儿般的肌肤与棕色的秀发感到一阵惋惜。但总而言之，我还是更喜欢现在混杂在发间的一缕缕白发。我觉得自己没那么平庸了。抛开别人的——或困惑或谴责的——目光不管，我更喜欢任由我的头发慢慢地变化，随它们呈现出自己的色调与光泽，带着岁月为它们染上的温柔与清辉。如果用标准化的染发剂将这种独一无二覆盖住，该多让人沮丧啊。我喜欢这种让自己在时间流逝的怀抱中自信地走下去的感觉，而不是暴跳起来，紧张兮兮。

对保持极致青春的焦虑使"少女"与"老妇"这两类人两极化了。由于人们几乎只在上了年纪的女性头上看见过白发，所以白发就被赋予了衰老与丧失生育力的象征。但其实年近 30 的人也会长白发，甚至更小的年纪就有了。2017 年秋，以一头长长的灰白发为个人标志的英国版《时尚》(*Vogue*)杂志时尚总监萨拉·哈里斯(Sarah Harris)，在 Instagram 上发布了一张她在产科病房的照片，刚出生的女儿就蜷缩在她的臂弯里。她说，她 16 岁就长了白发，但 25 岁左右时就不再染发了。② 然而，永恒青春的操纵力——这也是她们必须致力解决的难题之一——让女人们活在佯装与对自我的羞耻中。2007年，美国人安·克里莫(Anne Kreamer)出版了一本书，诉说自己接受白发的过程。她在 49 岁时恍然大悟，当时，她看到了一张照片，照片中的她站在金发的女儿与白发的好友中间，她自己已染发多年，并

---

① 索菲·冯塔内尔，《一个幻影》。
② 《萨拉·哈里斯："自 16 岁起，我就开始长白发了"》(Sarah Harris："I've had grey hair since I was 16")，*The Telegraph*，2016 年 9 月 16 日。

没有察觉有何不妥。她突然惊觉："我的一边是打扮得明艳欢快的凯特(Kate)，另一边是就要开怀大笑的好友阿奇(Aki)，而我站在中间就像个黑洞。我那深沉得像顶头盔的赤棕色染发还有我暗色的衣服，把我整个人的光都吸走了。看着这个人，看着这个样式的自己，就像肚子上挨了一记闷拳。一瞬间，这些年来为保有我所认为的年轻外表所做的精心打扮都被粉粹了。留下的，只有一位中年女性，神情恍惚地顶着一头过黑的染发……凯特看上去很真实。阿奇看上去也真实。而我，就像在装另一个人。"① 这种欲盖弥彰也让索菲·冯塔内尔感到沮丧——她说，她"隔着染发无法看清自己"。这种束手束脚正在毁掉她的生活：比如度假时，从水里出来的时候，她没法恣意享受戏水与阳光，反倒要担心有人看到她湿发的白色发根。强迫女性看起来永远年轻，更像是个将她们中性化的隐晦手段：先强迫她们作弊，然后再抓住她们作弊的事实说她们虚假，从而取消她们的女性资格。② 因此，如果女演员们不愿因为上了年纪而引来某些人憎恶的言论时，那她们就得冒着成为笑柄的风险，万一她们的整形医生或外科医生下手重了些……（苏珊·桑塔格把这些女演员定义为"高薪聘请的专业人士，专门做些让别的女人模仿，同时也是社会想让这些业余人士学会的事"。③）

---

① 安·克里莫，《长白发：我所了解的美、性、工作、母亲、真实性及所有真正重要的事》（*Going gray. What I learned about Beauty, Sex, Work, Mothermood, Authenticity, and Everything Else that Really matters*），Little, Brown and Company，纽约，2007 年。

② 《像……索菲·冯塔内尔》(Dans le genre de... Sophie Fontanel)，与 Géraldine Serratia 的对谈，Radio Nova，2017 年 5 月 14 日。

③ 苏珊·桑塔格，《衰老的双重标准》。

当女性开始回答时

　　然而，一个新问题又冒了出来：如果所有努力都是徒劳呢？"装年轻和真年轻是两码事。只要凑近了打量还是能看出差别的。"安·克里莫这样写道。① 将女性推入这场败局已定的竞赛中真是有点儿违背常理。再说了，即便真有人赢了这场与岁月的角力，保持着自己30 岁的容颜，或者说，在大众看来，"在这把年纪还保持得不错"，但对她的伴侣来说，与一位更年轻的女人开展新生活大多时候还是一次难以抗拒的机遇。前面说到的保罗·马祖斯基执导的电影《自由的女人》，一开始就为我们呈现了一对理论上的理想夫妻：结婚 17 年的艾瑞卡与马丁，在纽约生活优渥，育有一个女儿，夫妻俩默契十足。他们的性生活也是水乳交融，生活中一起欢笑，畅谈人生。但世界瞬间崩塌在艾瑞卡面前，因为她的丈夫哭着向她坦白自己爱上了一个 26 岁的女人。即使她维持着少女的身材，也无力挽回一切。在现实生活里，就算是莎朗·斯通——或许是最认真致力于不老之术的著名女人了，她在该领域的贡献还受到了女性杂志及《人物》杂志的赞扬——也只能眼看着自己的婚姻溃败，她的丈夫勾搭上了一个妙龄情妇。简·芳达(Jane Fonda)也因为丈夫找了个比她小 20 岁的女人而被离弃。莫妮卡·贝鲁奇(Monica Bellucci)的男友，也就是演员文森·卡塞尔(Vincent Cassel)——比她还要小上两岁——与她结束了 18 年的情缘，火速交了个小他 30 岁的模特女友。

---

① 安·克里莫，《长白发》。

西尔维·布鲁内尔在自己的书中写道，当自己的丈夫离开她时，她突然觉得不认识眼前这个和她过了半辈子的男人了，觉得他就像是一个陌生人。确实，当一个男人在人生半道上要把伴侣换成一个更年轻的女人时，这就让人对过去产生疑虑：当初是什么将他留在原先那段关系里的？被抛弃的女人也会自我怀疑：他是否只爱我的青春？他为何不感激我这些年的付出？他是不是不重视这份夫妻情与父子情？但又有一个问题出现了：他是不是只会爱一个他能掌控的女人？因为如果这样的话，那就是一种双重伤害：既是对被抛下的前妻的伤害，同时也是更隐晦的对新伴侣的伤害。伍迪·艾伦在谈到与宋宜的关系时，说不认为平等是情侣之间相处的先决条件："有时关系中的平等固然很好，但有时也正是因为不平等才让关系得以继续下去。"[1]虽然年龄差导致的关系失衡并不总是很显著，且年龄悬殊的现象也（幸好）不是刻意造成的，但不得不说，情侣关系中的年龄差还是增加了男人占优势的可能性，这体现在不止一个方面：比如社会层面、职业层面、经济层面以及智识层面。因此，有些男人在这种关系中找寻的，不一定只有他们嘴上明说的年轻肉体，还可能包括比他低的地位、比他少的阅历。（只归因于年轻肉体的肉欲诱惑是不准确的，因为事实再次证明，45 岁以上的男性身体也被认为很有吸引力。）

在男性成长及社会化的一路上，都有人对他们说"不存在白雪公主"。所以与女性相反，他们学着对爱情保持警惕，将其看作一个陷阱，看作对其独立的威胁，几乎将恋爱视作必经的痛苦。[2] 而女性呢，

---

[1] *Time Magazine*，2001 年 6 月 24 日。

[2] 参见丽芙·斯特朗奎斯特（Liv Strömquist）的漫画，《查尔斯王子的情事》（*Les Sentiments du Prince Charles*[2010]），Rackham，巴黎，2016 年。

她们从小就被训练成期待爱情的样子,等着爱情让她们快乐,让她们懂得亲密关系中的充实与愉悦,为她们揭示真正的自己。于是,她们自己都做好了任何牺牲的准备,哪怕是遇到虐待狂,只要爱情"奏效"。当这样一名女性全身心地投入一段关系中,而关系中的另一方只是勉强投入时,愚蠢的爱情把戏就开场了。(西尔维·布鲁内尔曾说,她的前夫埃里克·贝松在婚礼上高声反驳夫妻应忠于对方的义务,公然侮辱了她的尊严。)即便当男性准备好进入一段关系并让人以为他们很投入时,从小接受了那套理论的男人们在内心深处还是把自己当作单身,也就是说他们并不想要女伴所向往的那种分享。他们把这种分享等同于某种苦差事、某种损害、某种威胁。他们只想要静静。那些教女性如何在不惹怒男人的前提下与其沟通,以摆脱"黏人精"形象的心理辅导手册就是这么说的。例如有一本书里说:"当他从冗长枯燥的工作中脱身,筋疲力尽地回到家时,请别急着朝他猛扑过去,问他一些对你而言重要的问题,比如你们之间关系的未来或他对你的感情,这会压垮他的。"[1]言下之意就是,既然是她要开始这段关系的,那么就要为此付出努力。(同理,还得尽量别叫男人做饭或倒垃圾;万一要他们去做,那说话得拐一千道弯,甜言蜜语,极尽奉承。)

所以,对于男人来说,女伴年岁渐长的问题在于,她看起来不再是那个通用的"年轻女性"的代表了,不再具备男人潜意识里赋予那些女性的属性,如鲜嫩、纯真、无邪——虽然这样的标签贴得毫无道理。随着岁月的磨砺,女性的个性更加彰显。她变得更自信,或者至少获得了更多的阅历。然而,有人不能忍了:一个笃定的女人,一个

---

① 援引自伊莱娜·乔纳斯,《我是泰山,你是珍妮》。

会表达观点、表达欲望与拒绝的女人，很快就会被其伴侣、被周遭人当成悍妇、泼妇。（一位女性友人有次同我说起，当她在朋友面前数落或驳斥她的男伴时，这群朋友总会反驳她；而当她的男伴这样做时，朋友们甚至都没留意到他这么做了。）瓦雷里·索拉娜（Valérie Solanas）对这种强加于女性的永久缄默的后果写道："和善、礼貌、'自重'、不安全感与精神上的束缚，基本上和充实风趣扯不上关系，但没有后者，对话就失去了味道。一场真正的对话并不是索然无味的，所以只有完全自信的女人，骄矜自喜、感情洋溢、机灵活泼的女人才能聊出真婆娘那种充实风趣的对话。"①

　　一个男人，要是对平等基础上的交流无甚兴趣的话，那他自然会转向追求更年轻的女性。他可以从中找到无条件的崇拜，这在他看来胜过某个与他共度 10 年、15 年或 20 年岁月，深深地了解并爱他如初的女人的目光。在我的上一本书《致命的美丽》中，我已经说过一个论点，即喜欢年轻女孩的男人们首先追求的是思想的舒适。我引用了曾与精英模特公司创始人约翰·卡萨布兰卡斯（John Casablancas，1942—2013）亲密合作过的某位女士说过的话："18 岁时，你开始思考，开始变聪明。当女孩们变得略微成熟并开始有了自己的观点时，那就结束了。约翰想被崇拜，而她们却开始能回答他的问题了。"②这种思想的舒适中掺杂了某种"解语花的性感"，但大家常将这种性感与纯粹的肉欲混淆。③ 2016 年，有一部理想化的传记电影是以这位放荡不羁的卡萨布兰卡斯为主角拍摄而成的，当时的女性杂志对此

---

①　伊莱娜·乔纳斯，《我是泰山，你是珍妮》。

②　援引自麦克·格罗斯（Michael Gross），《顶级模特：肮脏勾当的秘密》（*Top models. Les secrets d'un sale business*），A Contrario，巴黎，1995 年。

③　莫娜·肖莱，《致命的美丽》。

争相报道。电影的名字叫作《爱女人的男人》(*L'Homme qui aimait les femmes*)——其实更准确来说，应该叫"爱 18 岁以下女人的男人"。男歌手克劳德·弗朗索瓦(Claude François)说了同样的话："我爱姑娘们，但只能到十七八岁。之后我就开始嫌弃了。我是不是和 18 岁以上的谈过？当然，也谈了啊。但一旦过了 18 岁，我就嫌弃了，因为她们开始思考了，她们是更有天赋的(原话如此)。有时甚至更早些时候她们就开始用脑子了。"①

　　猎杀女巫之所以特别针对老年女性，是因为她们表现出了让男人无法忍受的坚定。不管是面对邻居、神父还是牧师，甚至是面对法官与刽子手，她们都做出了自己的回答。正如安娜·L. 巴斯托所写的："在一个越来越多的女性被要求顺从的时代，她们发出了自己的声音。"一旦她们不再受父亲、丈夫或孩子的束缚，她们的声音更是振聋发聩。这些女性们"大声地说出来，不将舌头藏在口袋里，有独立的精神"。② 她们的话语令人生畏，难怪不受待见，还被当作某种诅咒。历史学家约翰·德莫斯(John Demos)认为，新英格兰事件中指控中老年女性行巫的首要原因是她们的"傲慢"，特别是她们对自己丈夫的傲慢。③ 如今依旧存在的悍妇，在当年可是要被砍头的。在16 世纪的英格兰与苏格兰，傲慢无礼的女性会被"毒舌钩"(bride de mégère，英文为"Scold's bridle")或"女巫钩"惩罚：一种罩住整个头部的金属装置，配有尖刺，嘴稍有活动，尖刺便会刺穿舌头。

---

① 《克罗克罗：40 岁，最终揭示》(*Cloclo，40 ans，ultimes rélévations*)，TMC，2018 年 1 月 31 日。[克罗克罗即克劳德·弗朗索瓦(1939—1978)，他被称为法国猫王，在法国歌坛极具影响力。——译者注]
② 安娜·L. 巴斯托，《女巫狂潮》。
③ 援引自安娜·L. 巴斯托，《女巫狂潮》。

边界的女卫士

更广泛地说，让年长女性变得令人生畏的是阅历。这把她们送上了火刑架。"巫术，是一项技艺。因此（女巫们）得上课，习得知识，获得经验。所以年长女性自然就比年轻女性更可疑。"吉·贝奇特这样解释道。[①] 克里斯汀·J. 索雷注意到，迪士尼工作室的经典作品，如《白雪公主与七个小矮人》《睡美人》"将世代相传的老巫婆与美少女的对立搬上银幕，就此定义了女人的价值即她的生育力与青春——从来不是经过刻苦努力获得的智慧"。[②] 这也就是为什么人们可以接受男人有白发却看不惯女人有白发：因为白发透露出的阅历在男人身上显得迷人又令人安心，但放在女人身上却显得危险。在法国，有个右翼政客叫洛朗·沃基耶（Laurent Wauquiez），他对别人"抨击他的身材（比如像只猫……）"感到愤然，他还否认像《世界报》所说的那样，自己特意把发色染白，以显得老道，并获取更多信任。[③] 这种怀疑是有道理的，而出现这种怀疑本身就说明了问题。

德语单词"Hexe"（女巫）与英语单词"hag"（老太婆的同义词）及"hedge"（树篱，引申为"边界""限制"）有一个共同的词根。"hag"一开始并没有贬义：最初指的是"守着边界的智慧女性——守护着乡

---

① 吉·贝奇特，《女巫与西方》。

② 克里斯汀·J. 索雷，《女巫、荡妇与女权主义者》。

③ 布鲁诺·朱迪（Bruno Jeudy），《洛朗·沃基耶：地平线出现了》（Laurent Wauquiez: l'horizon se dégage），*Paris Match*，2017 年 10 月 11 日。

村与荒原之间、人界与灵界之间的边界"，斯塔霍克曾这样解释道。[①]
但由于猎巫运动，过去受人景仰的神圣知识与能力，却成了危险品与
断魂刀。历史学家琳·博特尔奥(Lynn Botelho)在分析画家汉斯·
巴尔东(Hans Baldung)的画作《三种年龄与死亡》(*Les Trois Âges et
la Mort*，16 世纪)——就是画中有个老妇人的那幅作品——时发现：
"目光缓缓下移时，我们会看到一只猫头鹰。它总是让人想到暗夜与
邪恶。画的远景也证实了猫头鹰的凶兆，暗淡、凄凉与荒芜。还有挂
着苔藓的枯树，刚经过战争洗礼的断壁残垣。太阳也被乌云包围了。
老妇人伫立在这幅没落的末日景象的中央，仿佛一切都是由她一手
造就。"[②]

　　女性的阅历之所以让女性魅力大打折扣，是因为它代表了某种
严重的丧失和损坏。诱骗她们尽量不改变，或数落她们自我升级的
痕迹，只是为了将她们圈禁在自我弱化的逻辑内。只需思索一分钟
就能明白对青春的崇拜掺杂了多少疯狂的理想化。我逃离为母之路
的其中一个原因，就是无论如何我都不想陪伴一个新生命度过予取
予求的童年与少年时期，通过他来再次体验，看着他经历同样的考
验、同样的奖优罚差，因为笨拙、天真与无知而遭遇同样的失望。童
年总让人想起孩童所独有的洞察力与神奇的想象力，所以人一生都
在怀恋那个时候。但童年特有的还有小孩子的脆弱与无能为力，说
实话，那也很辛苦。当你历数这些年来懂得了什么，学会了什么，得

---

① 斯塔霍克，《螺旋之舞：伟大女神的古老宗教的重生(20 周年版)》(*The Spiral Dance.
A Rebirth of the Ancient Religion of the Great Godness*)，HarperCollins，纽约，
1999 年。

② 琳·博特尔奥，《画家汉斯·巴尔东的"三种年龄与死亡"(16 世纪)》[Les Trois Âges
et la Mort du peintre Hans Baldung (XVIᵉ siècle)]，*Clio*，第 42 期"Âge et sexualité"，
2015 年。

到了什么，感觉自己活得越来越得心应手时，会有某种餍足感。

显然，逝去的光阴里也有不幸、失望与遗憾。但如果有幸不必经历这些变故——或者只经历一次的话——就会有更多回首的空间，还有行动的空间，让你在自己的生命中大展拳脚。我想到了我内心所有被安抚与平息的波澜，想到我卸下的所有重负，顾虑和迟疑越来越少，我欢喜于当下的海阔天空，能够直奔本质。每一次事件、每一次相遇，都是对之前事件与相遇的响应，并且加深了它们的意义。友情、爱情与反思在时间的长河里有了厚度，它们绽放、升华、结出果实。穿越时间的过程就像在爬山。当你快到达山顶时，你会开始想象将在那里看到的美景。或许从来不存在什么山顶，人还没到那儿就死了。但光是想象登顶就足够令人激动了。一味模仿过于年轻者的那种柔弱无力固然能在否定自信女性的社会中显得人畜无害，但也剥夺了女性的能量与活着的乐趣。几年前，《嘉人》杂志曾有篇文章叫《45 岁比 25 岁更美！》，其提出的观点真是奇特。该文作者说，50岁的女人们很难相信这个年龄的自己前所未有地讨男人喜欢："但她们越是怀疑，越是能打动人。然而，大家都知道，诱惑这回事嘛，柔弱感可是一件利器……"显然，不管是什么年纪，最紧要的还是保持看上去楚楚可怜、无力自保的看家本领。

即使全社会的舆论都不待见年长的女性，但岁月还是赋予了女性某种力量，这种力量有时甚至能扭转生命的考验。非裔美籍随笔作家与诗人奥德雷·洛德（Audre Lorde）在 1978 年得了乳腺癌。那年她 45 岁，正是"各种主流媒体上所宣称的女人枯萎，对她们的性别认同下降的年纪"。但她却发现："我的感受与媒体宣传的形象正好相反。我感到自己成了能够全面掌控自身资源的女人，我的能力达到了鼎盛，包括我的精神力量，能最佳地满足自己的欲望。我摆脱了好多早年的束缚、恐惧与犹豫。这些年，劫后余生让我学会肯定自己的美丽，同时也重新认识了别人的美丽。我也懂得了珍惜劫后余生的教训，我对它有自己的体悟。我现在能感受到更多的东西，并且知晓它们真正的价值。我将这种感受与我的经历联系起来，这塑造了我自己的世界观，也帮我找到了一条切实改变我的人生的道路。在这样一个自我肯定与张扬的阶段，即使是可能致命的癌症以及切除乳房的伤痛也只是被我当作生命进化的加速器，让我活得更本真，更有冲劲。"①

格洛丽亚·斯泰纳姆在于年近花甲时所写的《内在革命》中写道，她常强烈地感觉到过去的岁月在眼前减速重播。她说在纽约，在她几十年来常去的几处老地方，曾浮光掠影地看到几版曾经的自己。"她看不到未来的我，但我却非常清楚地看到了她。她匆匆地穿过我，想着快迟到了啊，可是那个约会她并不想去。她坐在餐厅里，气得直哭，和一个不爱她的情人争吵。她大步流星地朝我走来，穿着牛仔裤和那双穿了 10 来年的紫红色皮靴。我还能真切地想起那双靴子在我脚上的感觉。（……）她疾步往会议厅出口走去，迎着我走来，谈笑风生。"面对这些旧时光，她打量着往日的自己，五味杂陈："很长一段时间内，她让我难以忍受。她为什么要浪费那些时间？她为什么要和那个男人在一起？她为什么要赴那个约？她为什么忘了说最重要的事？她为什么不更聪慧些、更实干些、更快乐些？但当我最近几次看到她时，我感到一腔柔情、一股暖流要涌上我的喉头。我在心中对自己说，'她已经尽力了。她挨过来了——尽管她自找了那么多

① 奥德雷·洛德，《癌症日记》(*Journal du Cancer*，[1980])，由 Frédérique Pressmann 译自英文版（美国），Éditions Mamamélis，日内瓦/拉瓦尔，1998 年。

痛苦。'有时,我真想回到过去,将她搂到怀里。"①

"卑劣"的专属形象

　　虽然年长女性因其阅历而为人所忌惮,但这并不意味着衰老的女性身体就不引发某种厌恶——由此透露出了对女性身体的普遍憎恶。真实世界里的西尔维·布鲁内尔在其书中、虚幻世界里的奥罗拉在其同名电影中,一样都感受到了年纪给她们带来的恐惧。当奥罗拉去前夫家时,前夫正在照顾与新伴侣生下的两个小女孩。她突然感到一阵燥热,想脱掉毛衣。她想跟他解释一下,但他立马拦住了她并捂住了耳朵,因为他不想听到"更年期"这几个字。西尔维·布鲁内尔说起有一位编辑,看过她给的故事梗概后回复她说:"我认为您这样讲捞不到任何好处。您的形象会受损的……有一些字眼很吓人,仅此而已。'更年期'就跟'痔疮'一样,是秘而不宣的东西……"她有一位朋友,正犹豫要不要接受一整套可能致癌的治疗流程,来对抗更年期才有的紊乱症状。她的妇科医生给了她当头棒喝:"得癌症也好过绝经。至少,癌症还能治疗。"②

　　关于女性在人生中途被抛弃的其中一个解释,是她的伴侣无法忍受透过她——就像照镜子一样——看到他自己的衰老。又或者是因为他希望透过一个新伴侣来重获新生。弗雷德里克·贝格伯德谈到自己有"德古拉伯爵的那一面"时就宣称:"爱上下一世代的人就是

---

① 格洛丽亚·斯泰纳姆,《内在革命》。
② 西尔维·布鲁内尔,《女性专用游击战手册》。

一种变相的吸血。"①但我们还可以提出另一个论点：他看到了妻子的衰老，但并没有看到自己的衰老。因为，他，没有身体。"男人没有身体"②，这句话是维吉尼·德庞特（Virginie Despentes）说的，我觉得要好好审视这句话。男人不仅占据了经济、政治、恋爱及家庭中的主导地位，还在文学与艺术创作中称霸，这就让他们成了绝对的主体，相对而言，女人就成了绝对的客体。西方文化一早就定下了论调：身体令人生厌，而此处的身体，等于女人（反之亦然）。神学家与哲学家都将对身体的恐惧投射到女人身上，假装自己没有身体。圣·奥古斯丁（Saint Augustin）说，在男人这里，身体反映灵魂；在女人那里，非也。③ 圣·安博④也说，男人即精神，女人即感受。克吕尼的俄多⑤（卒于 942 年）也同样严词呼吁他的同类："我们如此厌恶接触呕吐物与粪便，即使用手指尖都排斥，怎么可能想要拥抱一个装满肮脏之物的丑妇呢?"这份鄙视与陈腐至今仍十分活跃。正如大卫·勒·布雷顿所发现的，在我们周围的艺术、媒体与广告形象中，"只有女性身体才算纯粹的肉体"。⑥ 相反的是，对整形技术的趋之若鹜也不妨碍世人对女性身体的排斥。2015 年 12 月 21 日，在美国总统竞选活动中，唐纳德·特朗普响应了克吕尼的俄多的呼吁，借着希拉里·克林顿在民主党辩论的广告间隙上厕所的短暂离席，打趣道：

① 奥利维亚·德·兰贝特利（Olivia de Lamberterie），《不朽的弗雷德里克·贝格伯德》（*Immortel Frédéric Beigbeder*），*Elle*，2017 年 12 月 29 日。

② 维吉尼·德庞特，《金刚理论》（*King Kong Théorie*），Grasset，巴黎，2006 年。

③ 让·德吕莫，《西方之恐惧》。

④ 圣·安博（Saint Ambroise，339—397），极为成功的米兰主教。被公认为基督教早期拉丁教父之一。——译者注

⑤ 克吕尼的俄多（Odon de Cluny，878—942），是克吕尼修道院的第二任院长，罗马天主教会的圣人。——译者注

⑥ 大卫·勒·布雷顿，《丑陋的性别》，Claudine Sagaert, *Histoire de la laideur féminine* 一书的序言。

"我知道她去了哪里。太恶心了，我可不想谈论。不，别说出来!"（美国人可是逃过一劫啊：差点儿就被上厕所的人领导了。）

让·德吕莫认为，"因为女人这生物比男人更接近物质，所以也就比自称精神化身的男人'腐朽'得更快、更明显。眼见这衰败的景象，世人对'第二性'更加反感了。"①德吕莫在多大程度上相信这种论证尚不可知。但很明显，只需冷静想想，便能看出此话简直离谱。男人说自己是"精神之化身"真是大言不惭，其实他们同女人一样"接近物质"，老得一点也不比女人慢或微不可见。他们只是有权力让自己的衰老不计入评分机制而已。私下里、大街上、工作中，甚至是在国会上，他们都大声告诉女人，她们的身体或衣着给他们造成了多少视觉上的愉悦或不适，在对她们的年纪或体重指指点点时，却从来不计较他们自己的身材或着装，也不考虑他们自己的年纪或体重。为了攻击希拉里这种有时人有三急的行为，特朗普敢声称——起码是隐晦地说——自己既没有膀胱也没有肠道。之所以有这么足的底气，就是两千多年的厌女文化在给他撑腰。这个例子完全验证了只有主宰者才有的专横跋扈：男人就是没有身体，没有理由。就这样。

让·德吕莫指出，"在文艺复兴与巴洛克时期，贵族阶级的诗人笔下——譬如龙沙、杜·贝莱、阿格里帕·多比涅（Agrippa d'Aubigné）、西戈涅（Sigogne）与圣·艾芒（Saint-Amant）等——都勾勒出了一幅可憎老妇人的肖像，其经常被描绘为一副骷髅的模样。"龙沙还曾建议读者"弃了老女人"，再"寻一个新的"。② 他有首诗名为《反对德尼斯女巫》（Contre Denise Sorcière），只不过是对旺多穆

---

① 让·德吕莫，《西方之恐惧》。
② 援引自克罗丁娜·萨加艾（Claudine Sagaert），《女性丑陋的历史》（Histoire de la laideur féminine）。

瓦区(le Vendômois)一位被疑行巫、被脱光了鞭打的老妇人的满纸谩骂。安东尼奥·多明戈斯·雷瓦(Antonio Dominguez Leiva)写道："老妇人已成为西方人一想起卑劣就会想到的专属形象。"它在宗教训诫与牧歌中的妖魔化创立了某种"化为人形的丑陋代码，而这个代码直接引发了 16 世纪的性别灭绝"。[①] 这个"丑陋代码"至今仍威力巨大。在 1979 年美国公布的一份关于"老年女性的社交世界"的社会学调查中，有一位受访女性提到，有次她在街上对碰到的一群孩子微笑，但这群孩子却对她大喊："你好丑啊，丑，丑，丑！"[②]

长在女人头上的白发不是直接让人想到衣衫褴褛的女巫，就是让人觉得这个女人已经忽视对自己的打理了。西尔维·里奇在分析 1982 年波士顿当地报纸上某文章关于一群老妇人的描述时，发现其中有一位妇人用该作者的原话说是"有一头精心打理的白发"[③]：如果是金发或棕发，还有必要这么澄清吗？索菲·冯塔内尔说，当自己不再染发后，她有一位朋友吃惊不已，好像她"不再洗澡"一般。[④] 就她而言，"疏于打理"的推测更加讽刺，因为她就是干这行的：她可是一个优雅、精致、有品位、在时尚圈工作的人啊……当她的头发还处于半染发半白发的过渡期时，推论失败的路人们陷入了困惑："他们迷茫地看向我的发根。然后又突然转向我的衣着，好像会有个迹象

---

① 克罗丁娜·萨加艾，《女性丑陋的历史》。

② 萨拉·H. 马修斯(Sarah H. Matihews)，《老年女性的社交世界》(*The Social World of Old Women*)，Sage Publications，贝弗利山，1979 年。援引自塞西亚·里奇，《年龄歧视与美貌政治》，收录于 Barbara Macdonald(avec Cynthia Rich)，*Look Me in the Eye*。

③ 西尔维·里奇，《塔里的女人》，收录于 Barbara Macdonald(avec Cynthia Rich)，*Look Me in the Eye*。

④ 《索菲·冯塔内尔：迸发的美丽》(Sophie Fontanel, une beauté jaillissante)，MaiHua.fr，2015 年 12 月。

说我是个不修边幅的人。谁能解释呢。但如果你仔细看我的穿着，就像他们说的那样，你会发现我的衣服得到了精心熨烫，并且我打扮入时。我只是不染发而已，别的工夫可一点儿也没落下。"[1]

由老妇人自发联想到死亡这一想法至今仍十分鲜明，一位意大利记者曾就此对冯塔内尔说了一大段令人难以置信的粗暴的话，就证明了这一点："可别忘了，人死后，头发和指甲还会继续生长，这让人浮想联翩……可怕。吓人。要是下葬后几天再打开棺盖，三厘米的白发就会蹿出来。好吧，你会对我说，没人会去打开棺盖的。对的，是没几个。谢天谢地。但你呢，好家伙，在众目睽睽之下，直接敞开棺材乱晃！"[2]前不久，有一位朋友跟我说，她一想到母亲白发的样子就难受，可能是因为这让她联想到了死亡。但谁会看到白发的理查·基尔（Richard Gere）或哈里森·福特（Harrison Ford）就联想到死亡呢？

在文学或绘画中，我们也经常能震惊地看到魅惑的女性形象与颓败、死亡的形象同时出现或重叠在一起。让·德吕莫指出，"在肖像学或文学里有一个永恒且古老的主题，就是女人表面看上去温柔可爱，但是其背后、胸中或肚子里却已经坏透了。"[3]19 世纪的夏尔·波德莱尔（Charles Beaudelaire）在其诗《腐尸》（Une charogne）中重拾了这一主题。诗的叙述者带着情人散步时，碰上了一具正在腐烂的动物尸体。他洋洋自得地详细描述了死尸。他本能反应地从这具尸体看到了女伴未来的命运，而不是他自己的："你也要像这臭货一样，像这令人恐怖的腐尸，我的眼睛的明星，我的心性的太阳。你，我

---

① 索菲·冯塔内尔，《一个幻影》。
② 索菲·冯塔内尔，《一个幻影》。
③ 让·德吕莫，《西方之恐惧》。

的激情，我的天使！"这样的处理方法到了今天也没有消失。这样的叙述反射几乎是机械性的，正如 2016 年《权力的游戏》第六季中的某一幕。在隐秘的卧室里，借着烛光，以自身魅力降服无数男性为她所用的"红袍女"梅丽珊卓（Mélisandre）摘下了项链，看着镜中真正的自己：一个佝偻阴沉的老妪，头发花白稀疏，胸部下垂，肚皮松垮。在这样的对照中，我们可以看到某种祛魅、宽慰甚至是胜利的意味，因为这个我们所期待的或者说我们所看到的枯萎身体失去了它的吸引力，也失去了操控男性的能力。但它也意味着衰老揭露了女性本质中的暗黑与恶毒。吉·贝奇特评论道："我们似乎觉得本质总会出现。而女人呢，年轻时总是美的，但迟早都会回归本质的样子，即一个内心丑陋的人。"[1]

被妖魔化的女性欲望

老年女性的性需求在当时也是引起恐慌的原因之一。由于她们要么没有享受性生活的合法权益，要么是直接没了丈夫，但她们又有一定的经验且欲望高涨，因此她们成了影响社会秩序的不正经且危险的形象。按照人们的揣测，她们应该过得很苦，因为她们既失去了作为母亲才有的尊贵地位，同时还渴望着年轻的肉体。琳·博特尔奥曾在书中写道，15 世纪时，就有人直接将"绝经期的女性与女巫联系在一起，因为她们都一样不育"。[2] 人们认为她们"为了性爱而失了

---

① 　吉·贝奇特，《女巫与西方》。
② 　琳·博特尔奥，《画家汉斯·巴尔东的"三种年龄与死亡"（16 世纪）》。

心智，不知餍足，甚至已不满足于与凡人的交媾"。① 伊拉斯谟在《愚人颂》(Éloge de la folie)中对其有一段形象的描绘："那些恋爱中的老女人，那些几乎动弹不得的尸体们，像是刚从地狱回来的，她们已像尸体般发出恶臭，但她们的心却在说还要：就像发情的淫荡母狗，她们只吸入肮脏的欢愉，还恬不知耻地跟你说，没有这些就了无生趣。"这一印象的根深蒂固，我们在那位意大利记者对索菲·冯塔内尔的质问中还能窥见痕迹："你怎么看自己的性生活呢？你能想象自己顶着这头女巫的白发骑在一个男人身上吗？男人本来就害怕女人，你还吓唬他们，那他们就更害怕了。可怜的家伙啊，要是哪天真硬不起来了，还真不怪他们！"②

　　这些恶毒的视角让人不禁怀疑常与白发联系在一起的字眼"懒散"是否还隐含了另一层意义。2017 年 11 月，女性杂志《红秀》(Grazia)将索菲·冯塔内尔的照片放到了封面，这个重大进步值得致敬。但杂志的内页里，有一篇关于打理头发的文章叮嘱那些想模仿冯塔内尔的女士们"最好修剪得短又有层次，最多剪到齐耳，否则看上去就太懒散了"。③ 这里的劝告可太经典了。既是要尽量减少这种咄咄逼人的发型，也是画了一条明确的分界线来区分两种女人：一种是因其发色——或金或褐，或红或棕——得以保留其性感、性欲的女人；另一种，则是"放弃"情爱并以利落短发来明志的女人。一绺白发总能让人想到巫魔夜会，想到让欲望放任自流并甩开一切束缚的女巫。比《红秀》这次封面还早几年，有另一份杂志把重点放在了

---

① 安娜·L. 巴斯托，《女巫狂潮》。
② 索菲·冯塔内尔，《一个幻影》。
③ 加布里埃尔·拉法日 (Gabrielle Lafarge)，《那么，开心吗？》(Alors, heureuse?)，*Grazia*，2017 年 11 月 17 日。

"整齐"上："白发也可以很好看，但要剪得整齐（也不一定非得剪短）。卷发的潮流已经过去了。"[1]

"蓬头散发、无拘无束一向被看作女巫的标志，"美国神秘学作家朱迪卡·伊乐思写道，"即便女巫尝试将头发束起来，它们还是会从围巾里蹿出来，拒绝被绑成马尾辫。"[2]在电影《东镇女巫》中，当简·斯波福德（Jane Spofford，由苏珊·萨兰登饰演）终于接受了自己的能力与欲望之后，她散开了之前总是扎得紧紧的辫子，让一头令人印象深刻的红色卷发如瀑布般垂下。摇滚歌手帕蒂·史密斯（Patti Smith）有一头不羁的白发，一心搞创作的她不像其他女人那样花心思打理这些凝结着美丽、专注与精致的象征物，真是个活脱脱的现代女巫。2008 年，《纽约时报杂志》（*New York Times Magazine*）忍不住问了这位活跃的摇滚传奇为何不用护发素——是要捋顺一切吧，我猜。[3] 所以，就像是说一个单身女性"可怜"其实是说她"危险"一样，说她"懒散"不就是在说她"解放天性""无法控制"吗？

伊拉斯谟在描写那些"恋爱中的老女人"时，还写道："这些老山羊就这么追逐着年轻的公羊。当她们发现一个阿多尼斯[4]时，就大肆花钱补偿他的厌恶和疲乏。"[5]直到今天，当一个 40 岁以上的著名女人有了一个更年轻的情人时，即使她还没呈现出上文所说的各种老态，但众人在谈论此事时用到的字眼还是清楚透露出这是场皮肉生

---

① 瓦伦汀娜·佩特里（Valentine Péty），《银色……》（La couleur de l'argent），*L'Express Styles*，2014 年 3 月 19 日。
② 朱迪卡·伊乐思，《女巫野外指南》。
③ 希拉（Sheila），《帕蒂·史密斯被迫向〈纽约时代杂志〉解释她的头发》（Patti Smith forced to explain her hair to NYT），Gauker.com，2008 年 7 月 11 日。
④ 阿多尼斯（Adonis），希腊神话中的美少年。——译者注
⑤ 援引自克罗丁娜·萨加艾，《女性丑陋的历史》。

意：人们会说这是个"小白脸"（toy boy），其拥有者可能是莎朗·斯通，可能是德米·摩尔（Demi Moore），可能是罗宾·怀特（Robin Wright），也可能是麦当娜。演员阿什顿·库彻（Ashton Kutcher）与比他大 16 岁的德米·摩尔结婚后，还自嘲地参演了一部就叫《小白脸》（*Toy Boy*）的电影。然而，人们并没有——或至少没有公开地——指责著名老男人的年轻女伴们是卖肉求荣，而这些老家伙们可远没有那些老阿姨们费那么多工夫在驻颜之术上。

当 51 岁的女演员莫妮卡·贝鲁奇说自己觉得像米克·贾格尔这样的老男人释放出的"力量感"很性感时，《巴黎赛报》对此大为诧异，难以置信地说道："这是否意味着您现在还有和 20 岁时一样多的欲望？"[1]从这种简单的假定中就能看出世人的衡量标准有多么摇摆不定。因为普遍的标准定下了女人过了 45 岁——这已是上限了——就不再有魅力了，所以人们就天真地推断出，这个年纪的女人的性欲会化为乌有。这样的推论反过来又打压了她们自己的欲望，只凸显了世人认为的她们是别人欲望的煽动者——解语花的性感，总是这样。这也解释了为何世人总对老女人的性事讳莫如深：正如西尔维·布鲁内尔所说，很难想象莫娜·奥祖夫[2]会像已故的端木松那样吹嘘自己还如毛头小伙一般血气方刚。而更不公平的是，苏珊·桑塔格注意到，女人的性全盛期来得普遍比男人晚，"其原因并非生理性的，而是这种文化推迟了这一进程"："女人不像男人有那么

---

① 丹尼·朱科（Dany Jucaud），《莫妮卡·贝鲁奇："老到男人身上的性感"》（Monica Belluci："Quelque chose d'érotique chez les hommes d'expériences），*Paris Match*，2016 年 9 月 7 日。

② 莫娜·奥祖夫（Mona Ozouf，1931—　），法国著名的历史学家，其研究成果在历史学、人类学等多个领域享有盛誉。下文的端木松（Jean d'Ormesson，1925—2017），法国著名作家，法兰西学院院上，是法国最畅销的作家之一。——译者注

多供他们发泄性能量的方法，她们需要好一段时间才能释放压抑。她们刚被认定失去性吸引资格之时，正是她们达到性成熟之际。衰老中的'双重标准'剥夺了她们的 15 年，即 35 岁到 50 岁这段时光，而这本该是她们最性致盎然的 15 年。"[1]

2000 年，在葡萄牙，一位年老的女佣玛利亚·伊芙娜·卡瓦洛·平托·德·苏扎·莫莱（Maria Ivone Carvalho Pinto de Sousa Morais）向里斯本行政法院提出起诉。5 年前，当时 50 岁的她经历了一次失败的外科手术，由此导致她坐立困难，同时剧烈疼痛与妇科问题令她无法进行任何性生活。初审判她胜诉，并给予她一笔赔偿金，但最高法院却在第二年削减了这笔赔偿金。其理由如下："在考量了起诉人所遭受的损伤之后，我们认为所给予的赔偿补助金数额过大。实际上，起诉人并未丧失做家务的能力……再者，考虑到其子女的年纪，她要照顾的估计也只有她的丈夫一人，这样就不需要全职的家务帮工了……另外，别忘了做手术那年，原告已 50 岁且已当了两次母亲。在这个年纪，性事已不像年少时那样紧要，并且她的性欲也会随着年纪递减。"2017 年，欧洲人权法院（Cour européenne des droits de l'homme）最终判原告胜诉。当时的七位欧洲法官中，有两位（分别来自卢森堡与斯洛文尼亚）是持反对意见的，这引发了他俩与两位女同事（分别来自乌克兰与罗马尼亚）的激烈交锋。[2]

---

[1]　苏珊·桑塔格，《衰老的双重标准》。

[2]　西尔维·布莱邦，《当欧洲司法需要重申 50 岁以上的女性也享有性事权利时》（Quand la justice européenne doit réaffirmer le droit des femmes de plus de cinquante ans à une sexualité épanouie），*Terriennes*，TV5 Monde，2017 年 8 月 10 日，http：//information. tv5monde. com/terrienes。

"创造另一项法律"

"我们疯狂地爱着彼此。我极少见到这么强烈的肉欲激情。一旦碰上面，我们就如饥似渴的，毫不夸张。我们能一连好几天连房门都不出……"

在电影《奥罗拉》中，后来成了清洁女工的女主角工作的地方是某个由女性自己管理的老人院。这家在蒙特勒伊的芭芭雅嘉之家是由泰瑞丝·克莱克于 2012 年创立的，但电影中并未提到创立者的名字。在个人生活中，女主角面对着非常多的拒绝与失望。一天，在清洗地板时，她终于崩溃大哭起来。这时，住在院里的一位老人——由现实生活中的一位"芭芭雅嘉"阿吉洛·巴尔迪（Arghyro Bardis）饰演——（片中名叫）伊洛（Iro，这位老人在出演电影后不久就过世了）拉她起身，并安慰了她。她们聊了很久，其间，这位年逾七旬的老人向她说起了一段恋爱回忆。"那是什么时候？"听得痴痴的奥罗拉问她。和她一样，我们也会认为这是段青春往事。但老人回答道："就在三年前！当时我们多快活啊！而如今却天人永隔……"奥罗拉的脸上显出非常惊愕的神情。当她离开老人院，撑着伞走在路上时，她独自笑了。在经历一次次抛弃，不停地遇上否定自己各种资格的偏见后，她在无意间打开了一扇暗门，这扇门通往另一个世界，这个世界——她发现——由其他法则所主宰：幻想、自由，以及她从未想过的豁达。

2006 年，双性恋的泰瑞丝·克莱克出演了让-吕克·雷诺的一部（精彩的）电影《变老的艺术》（*L'Art de veillir*）。"电影说的是一群高贵的蠢蛋的故事，"三年后她这样调皮地解释道，"我们上个礼拜刚给一群高中生放了这部电影。他们惊呆了。我跟他们说，'听着，孩子们，真这么吓人吗？'要知道，我们都无法摆脱。而另一方面，老年人倒是看得很高兴……"①在卡米耶·杜赛烈(Camille Ducellier)的电影《女巫，我的姐妹》(*Sorcières, mes sœurs*)中，还是这位泰瑞丝·克莱克，在镜头前自慰。那是 2010 年，她已经 83 岁了。令人震惊的不仅是她安静地肯定了自己的性取向、自己的生命力，还有她那张在静止的镜头中充满整个屏幕的美丽面庞。她的存在让一切厌女的神职人员、画家与文人强行施加给她们的丑陋形象都显得苍白无力。那些人曾霸占了太久的话语权与画像权。"当女巫就是颠覆法律，"她用低沉的嗓音说道，"就是创造另一项法律。"

　　保罗·马祖斯基执导的电影《自由的女人》里的女主人公也在被抛弃后的生活中找到了一扇暗门。在她的丈夫马丁带着 26 岁的甜心离开后，崩溃的艾瑞卡渐渐振作起来。她变得大胆起来，又开始出门约会。在数年如一日只和丈夫共枕眠之后，她决定尝试不带感情的性，没曾想她竟跌跌撞撞地碰上了真爱。在她工作的画廊里，她认识了索尔(Saul)，一位充满幻想与魅力的画家[由英国演员阿兰·贝茨(Alan Bates)饰演]。这对恋人终于踏出了双人舞的第一步[扮演艾瑞卡的演员吉尔·克莱布格(Jill Clayburgh)在 1978 年获得的戛纳影后可不是偷来的]。他们嬉戏，拥抱，转圈，互相找寻；当然，也有冲突的时候。有好几次，他们都像是在走钢丝：一场争执由酝酿演变为爆发，感觉下一刻他们的故事就要戛然而止了。但每一次，他们

① 卡特琳娜·阿钦(Catherine Achin)、朱丽叶特·雷恩，《衰老：一个颠覆性的政治身份。与泰瑞丝·克莱克谈话录》(La veilliesse: une identité politique subversive. Entretien avec Thérèse Clerc)，*Mouvements*，第 59 期"La tyrannie de l'âge"，2009 年。

都会重修于好。只需一个眼神、一次恶作剧、一个微笑，难以抵挡的
默契就又将两人绑在了一起。每次唇枪舌战到最后，艾瑞卡总要愤
愤地念叨一句："男人啊！"这时，索尔就立即回击道："女人啊！"他们
就像两个撑竿跳运动员一样，共同发现了某种轻盈的自由，这种自由
让他们能够越过一切困顿与沉重。这些困顿与沉重不止出现在两性
关系中，还出现在日常的各种琐碎场景中——比如，艾瑞卡向女儿介
绍索尔的晚饭席间。相比之下，马丁与其甜心组成的新家庭顿时就
显得平庸无趣了。虽然丈夫的离弃一开始对艾瑞卡来说就像是世界
末日一样，极具伤害性与羞辱性，但这也给了她重生的机会。有些人
声称，要对抗许多剧本中出现的性别歧视，就得拍一些清教徒般说教
的无聊电影。这不仅是缺乏想象力的说法，还忽略了电影《自由的女
人》所提供的广阔视角。

　　好莱坞经典电影中也有一部从另一种角度挑战了父权的法则。
那就是约瑟夫·L. 曼凯维奇(Joseph L. Mankiewicz)执导的《彗星
美人》(Ève，英文名为 All about Eve，1950)[1]。片中，玛戈·钱宁
(Margo Channing)[由贝蒂·戴维斯(Bette Davis)饰演]是纽约百老
汇舞台上的当红明星，个性风趣又张扬。在风头最盛的时候，她将一
位年轻的戏剧爱好者夏娃·哈林顿(Eve Harrington)收入羽翼之
下，并将她介绍给圈内人。但她很快就发现自己做错了。藏在谦卑
而木讷的崇拜者面具之下的是不择手段的坏丫头，想从她身边偷走
一切：包括她的角色，还有她的男人——同为演员的比尔·桑普森
(Bill Sampson)。[2] 但玛戈是脆弱的：她刚过 40 岁，但已开始担心事

---

[1]　中文又译为《关于夏娃的一切》《四面夏娃》。——译者注
[2]　这部电影在某些方面有女权主义色彩，但在使用女性竞争的陈词滥调方面又是相当传
　　统的。

业下滑。而且她深爱的比尔比她还小 8 岁。后来事情的发展就像提前写好了一样。夏娃显露出自己过人的表演天赋，且她拥有的是玛戈日渐失去的鲜嫩与青春。剧情照这么发展下去，那就是新人获胜，旧人被弃——这位新人确实在采访中透露了这样的野心，虽然用的措辞更为微妙。她将与比尔组成更经典、更有前途的搭档，足以吸引媒体与民众。面对这样的前景，玛戈很慌张，但又藏不住。她暴跳如雷，大发雷霆，酩酊大醉，滋生丑闻，还对比尔大发醋意。看到这里，或许我们都猜想她会将事态推向她所不乐见的方向：倦了的爱人会更快地投入温柔的夏娃的怀抱。但比尔还在安抚着玛戈，向她表达着爱意，虽然并没能减轻她的不安全感。他怪她想的太多，但他只说对了一半：她的对手发起了毫不留情的进攻，而此时所有的因素看上去都准备好了，对手极可能取得成功。在难得冷静下来时，玛戈对一位朋友倾诉，她怨叹自己的暴脾气，"骑个扫帚，俯冲下来，大喊大叫"。她承认自己应激过度了，因为她看到夏娃"如此年轻、有女人味、楚楚可怜"：她说这就是她想为爱人做到的样子。总之，在她看来，女巫或者说悍妇是不可能赢过那个表面看上去温顺无害的年轻女人的。她不相信她与比尔之间能敌得过社会的无情法则，她害怕自欺欺人。但当夏娃对比尔投怀送抱时，比尔感到好笑又鄙夷地推开了她。最后，玛戈和比尔重修旧好，玛戈接受了比尔的求婚。在舞台上，夏娃将得到她渴望的成功，但并没有如愿挤垮她的前辈——在这一过程中，这姑娘将出卖自己的灵魂。

有时候，生活也会让偏见蒙上不实的面纱。即使是不随大流的科莱特(Colette)似乎也认为女人变老便是无可救药的衰败，会把女人变成可怕的生物。她的小说《谢利》(*Chéri*, 1920)和《谢利的结局》(*La Fin de Chéri*, 1926)讲述了年近 50 的蕾雅(Léa)与一名年轻男

性的羁绊。几年之后，尽管这个男人仍爱着蕾雅，但还是回家娶了年
轻女子为妻。故事的结局很糟糕。谢利在分手五年后突然回过头来
找蕾雅，因为他忘不了她。但看到她时，他被她的变化打击到了："一
个女人正转过身去在写些什么……谢利只看到宽宽的后背，颈背上
堆着赘肉，大把白色的头发剪成了他妈妈的式样。'好吧，她这儿不
只她一个人。这位令人尊敬的女性是谁呢?'过了一会儿，白发妇人
转过身来，谢利满脸震惊，一双蓝眼睛怔怔地看着她。"衰老就是有这
种本事，夺走女人的特质，吸走女人的养分：它将原来的蕾雅换成了
一个不认识的无性别生物。"她并不是怪物，但体型庞大。她身体的
各个部分都被肥肉塞满了。(……)那件素净的裙子，那件长长的饰
有亚麻褶边的、没有个人特色的半敞着的上衣，宣告着这副身体的主
人已放弃并脱离了女人味，露出某种无性别的自持自重。"在见面期
间，他暗自在心中苦苦哀求："快停下！恢复从前吧！扔掉这副假躯
壳！你一定藏在里面！因为我明明听得到你的声音!"[1]几周后，在铺
满年轻蕾雅的照片的房间里，谢利结束了自己的生命。

　　有人或许会认为让蕾雅体貌大变的罪魁祸首倒不一定是女性衰
老，而是因为爱人的抛弃、爱情的破裂。在那个年轻男人眼里，这就
是在提醒他，离开她是多么大的错误：如果他再勇敢一点，不那么世
俗(之前家里安排的联姻是为了钱)，他的情人就不会这样老去了。
是痛苦、失望，而不仅仅是年纪，让她变成了那样。谢利在自杀前因
短暂又狼狈的重逢而恍惚游荡时，曾惋惜地想到因他一步走错而错
失了时光：如果和她待在一起，"那是三四年的美好时光，好几百、好
几百个日日夜夜，都是赚的，是为爱而活的日子……"但同样不可否

---

[1]　科莱特，《谢利的结局》(1926)，GF-Flammarion，巴黎，1983 年。

认的是，科莱特的这两部小说从一开始就出现了人们对老妇人形象的恐惧。他们还在一起的最后一段时光里，每天清晨，蕾雅都赶在谢利醒来之前细心地戴好珍珠项链，以掩饰已经松弛的颈部。她看到身边的一位丑陋又滑稽的老妇人，她的身旁跟着一位目光空洞的年轻男人，感觉就像看到了未来的自己。在这个世俗、残酷又肤浅的环境里，谁对谁都不是白送白拿的关系，衰老成了一种不可原谅的脆弱标志。

不管怎样，科莱特自己的生活倒没有那么惨。当快 50 岁时，她和自己丈夫的儿子贝特朗·德·朱福内尔（Bertrand de Jouvenel）搞在了一起——继子比她小 17 岁。52 岁时，她遇见了 36 岁的莫里斯·古德凯特（Maurice Goudeket），后来他还成了她的第三任丈夫。他们一起生活到这位女作家去世为止。那年是 1954 年，科莱特 81 岁。[①] 一言以蔽之，如果说岁月剥夺了蕾雅的女人味，那她的创造者——作家本人却完全拥有一切使她值得被爱的东西。我们看到的科莱特留下的老年照片一点儿也不比年轻时候的少，而这些照片里的她都是风华未减：照片上的女人躺在巴黎公寓的大床上写作，窗户敞着，面向皇家宫殿（Palais-Royal）的花园，身边围绕着她的猫们。尽管病痛缠身，但她仍享用着生活的馈赠。

如今，女性健康终老与养老的物质保障很大程度上受限于她们的养老金水平，她们的养老金平均比男性低 42％。其中的部分原因是她们中的更多人是兼职工作，另一部分原因是她们中有些人要停

---

① 克劳德·贝努瓦（Claude Benoit），《两位伟大女作家的"健康衰老"的艺术：乔治·桑和科莱特》（L'art de "bien vieillir" chez deux grandes femmes de lettres：George Sand et Colette），*Gérontologie et société*，第 28 卷第 114 期，2005 年。

工抚养孩子——“母亲的上限”，一向如此。[①] 但没有必要在这客观的不平等待遇之上再加上另一项子虚乌有的不平等，让她们相信年岁会削减自己的价值。陈词滥调与偏见的力量会在心理层面上让人感到挫败，但这也提供了一次开辟新道路的机会。它让我们有机会品味放肆、冒险、创造的喜悦，看看是谁说准备好加入这场冒险——而不是浪费时间在别人身上。它邀请我们成为破坏偶像者，从这个术语的首要意义来说，即打破原有形象以及它附带的诅咒。

　　1972 年，苏珊·桑塔格在其文章末尾写道：“女人们可以有别的选项。她们可以向往变得睿智，而不只是善良；变得能干，而不只是有帮助；变得强大，而不只是优雅；有自己的抱负，而不只是着眼于和男人、孩子的关联。她们可以自然地变老，而不感到羞耻；所以，她们要违背社会上那套关于年纪的‘双重标准’的传统观念，要积极地反对。与其做女孩，尽可能长时间地做女孩，然后变成被羞辱的中年女性，最后变成猥琐的老年女性，她们还可以更早地成为女人——然后保持活力，享受她们能够拥有的、时间更长的长久欢爱生涯。女人们应该容许自己的脸来讲述自己经历过的人生。女人们应该说真话。”近半个世纪过去了，这段话对女人们仍然有用。

---

① 《养老金的不平等》(Les inégalités face aux retraites)，Inegalites. fr，2013 年 9 月 5 日。

第四章

将这个世界翻转过来
——向自然宣战,向女性宣战

在很多方面,我都挺笨的。

在很多场合里,只要是有人提了个蠢问题,或是答话完全和问题不相关,又或是做出了可笑的评论,那人一准是我。有时候,我会捕捉别人的怀疑目光,猜测对面的人正在脑中想什么:"但是,听说她还写了几本书……"或"天哪,《世界外交论衡》(Monde diplomatique)真是什么人都敢往里招啊……"这种羞耻感就像是我在众目睽睽之下摔个狗吃屎一样(再说,这也是我能干出来的事)。我笨拙的这一面总是不受控地跑出来,这让我更加懊恼。一般来说,我话刚出口,就已感觉到对方的惊愕了,但为时已晚。此势难挡,经过 45 年的角力,我得出的结论是我得学会和它和谐共处,但这并不容易。

一方面,这股傻气可能源于个性。一点儿也不务实,没经历过什么剧变。注意力飘忽,常神游太虚,当我忘戴眼镜时更是如此。眼前的迷雾加剧了我思维的迷雾。害羞导致我很容易惊惶,进而失措。这是使我能在事后更好地抓住与分析情况要素,而非当下就反应过来的性格,说得简单点儿:我是慢性子,但我认为在我的笨拙中也有一种强烈的性别面向。我冲动、情绪化,有时还天真。我就是个活生生的性别歧视的底片，一个名副其实的冒失鬼、不理性的婆娘。在据说是女性不擅长的方面，我都很不擅长。上高中时，我差点儿因为理科而留级。我毫无方向感。如果我拿了驾照（感谢老天爷，我没那玩意儿），那修车的会把我当成摇钱树，趁机向我兜售各种稀奇的维修套餐。在我的职场生涯中，我和经济部、地理政治部的同事们互相看不上——这两个部门都是以男性为主的，离权力杠杆更近。

后来，我才明白，智力并不是一种绝对的常量，它可能根据我们所处的场合以及我们所面对的人而产生惊人的波动。不同的情势和对话者能激发或引出我们身上不同的内容，能促进或麻痹我们的智力。社会给女人和男人分配的擅长领域极不相同，被赋予的价值也差异极大，以至于女人比男人更常觉得自己又犯傻了。她们常出错的领域是盛名之下的领域，是被认为真正要紧的领域。而她们游刃有余的领域却被忽略、轻视或索性被无视。因此她们也就不那么相信自己。"我们什么也不是"，我们就这么自我催眠着，然后这个预言就成真了。有时，我说傻话是因为无知，但有时是因为我的大脑冻住了，因为我的思绪顿时如惊弓之鸟四散开来，我也无计可施。我困在了一个恶性循环里：当我感受到对话者的屈就或轻蔑时，我就会说更多的傻话，以此证实别人和我对自己的判断是对的。对话者可能是一名记者同事，也可能是洗衣机的修理工。上次那个修理工上门，开口就问关于设备操作的问题，但还没等我张嘴，他又急吼吼、不耐烦地问了一遍相同的问题，好像他非常清楚眼前这个人不太聪明（虽然我都准备好难得条理清晰地回答他这个问题了）。性别歧视出现在社会的各个角落，用一种可怕的典型效应持续地提醒女性，她们根子里就很弱。而且我还要为我的晚年时光做好准备，因为很显然，这世上唯一比女人还笨的就是老女人。塞西亚·里奇曾说过，当她和芭芭拉·麦克唐纳去电脑店买东西时，芭芭拉问了店员一个问题，而店员回答的时候就一直盯着她看（里奇当时 40 多岁，芭芭拉 60 多岁）。①

几个世纪以来，科学或宗教领域的男性、医生、政客、哲学家、作家、艺术家、革命者、街头艺人们，一直用各种方式强调女人的先天愚笨和无法弥补的智力缺陷，必要的时候还会用疯狂的胡言乱语来说她们在生理上存在缺陷，从而证实他们自己的正确性。在这样持续的压制之下，我们难免会觉得自己确实有所不足。美国作家苏珊·格里芬（Susan Griffin）有一段话曾总结过对女性有过的某些言论，至今读来仍触目惊心：

> 很明显，女人的大脑是有缺陷的。这是因为她们大脑的神经纤维太纤弱了。因为她们有经期，所以大脑的供血量不足。
>
> 前面已经说过，所有抽象的知识、枯燥的知识，都应交给稳重又勤勉的男人来对付。"因此，在此补充一句，女人永远也学不会几何。"
>
> 还有个争议，就是不知道是否有必要教她们学代数。
>
> 对于有望远镜的女人，其建议就是把望远镜扔了，让她"别想弄明白月亮上是怎么回事"。②

说男人"稳重又勤勉"，禁止女人学几何的那人是伊曼努尔·康德（Emmanuel Kant）。关于望远镜的那段取材自莫里哀的《女学究》

---

① 塞西亚的引言，收录于 Barbara MacDonald（avec Cynthia Rich），*Look Me in the Eye*。
② 苏珊·格里芬，《女人与自然：她内心的咆哮》（*Woman and Nature. The Roaring Inside Her*［1978］），The Women's Press Ltd，伦敦，1984 年。

(*Les Femmes Savantes*，1672)中克里扎尔(Chrysale)对菲拉曼特(Philaminte)说的一段长篇大论："您最好烧了这没用的玩意儿，把科学留给城里的医生；行行好，给我从阁楼摘了这个吓人的长镜筒，还有那几百件看着就糟心的破烂儿：别去张望月亮上的人干什么了，您以为跟您在家一样呢。"这两处引用并不完全相同，因为后者讲话的是戏剧角色，这里无疑是在重复莫里哀的厌女情绪。然而，有些刻板印象的生命力极为顽强。当我在看这些新闻资料时，看到一则网购广告，上面画了个女人的大脑切面，写着如下想法："天体(astronomie)，不感兴趣。但我邻居的人体(anatomie)，嗯……"是个卖望远镜的广告，售价 49.99 欧元。①

　　这些预设的偏见也解释了为什么女人仍然任由过分自负的男人们"解释人生"，这里借用了丽贝卡·索尼特某篇著名文章的标题②。这篇文章写于 2008 年，前一天晚上她刚去参加了一场社交晚宴。当时，某人和她在聊某主题时，提到最近出版的某本书写的就是这一主题，还说他看到了《纽约时报》上的摘要，但他浑然不知这本书的作者就在他眼前……他当时侃侃而谈，以至于某一瞬间丽贝卡差点儿以为自己错过了某本同一主题的重要著作的出版。"这种综合征，"她评价道，"是每个女人几乎每天都要面对的战争，这场战争也在她们内心日日演练，里面充斥的硝烟是认为自己微不足道的念头，是保持缄默的邀请。虽然我作为一名作家有着不错的职业生涯(有丰富的研究与充分的实践)，但我也不能完全摆脱这场战争。毕竟有这么一

---

① 玛丽娜·勒·布勒东(Marine Le Breton)，《法国 Cdiscount 平台上一则销售广告被控传播关于女人与科学之刻板印象》(Une pub de Cdiscount pour les soldes accusée de véhiculer un cliché sur les femmes et les sciences)，*HuffPost*，2018 年 1 月 10 日。

② 丽贝卡·索尼特，《那些给我解释人生的男人们》(*Ces hommes qui m'expliquent la vie* [2004])，由 Céline Leroy 译自英文版(美国)，L'Olivier，"Les feux"，巴黎，2018 年。

刻,我就让煞有介事先生和他的自信粉碎了摇摇欲坠的信念。"第二
天,她一起床,一口气就把这篇文章写出来了。该文一发表,就如野
火般蔓延开来:"它引发了共鸣。挑动了你的神经。"在无数的读者反
馈中,有一则消息来自生活在印第安纳波利斯(Indianapolis)的某位
上了年纪的男性。他说,"他从未对女人做出不公之事,不管是个人
生活中还是在职场",还指责她"没多接触些正常男性","在说话前先
好好了解一下"。"最后他给了我一些人生应该怎么过的建议,并详
述了我的'自卑感'。"

　　你最终还是接受了投向自己的目光,接受了自己的无用,接受了
自己的无能。有时在大街上遇到和善又单纯的游客向我询问时,我
都跟他们说,最好还是问别人吧。但当他们走远时,我才意识到我是
能给他们好好指路的。"方向感""经济":当这类字眼闪进我脑海
时,我的第一反应是恐慌,就像当初听到"数学"一样。几年前,普罗
旺斯大学曾让两组小学生凭记忆复制一幅相当复杂的几何图形。对
其中一组说的是做一份"几何"练习,对另一组则说是做一套"画画"
练习。在第一组中,女孩做得没男孩好。在第二组中,女孩们摆脱了
数学的可怕阴影,因此也就没有预设自己的失败。她们做得比男孩
要好。① 在高中快结束时,我自己也曾有过一次机会跨越之前认为无
法突破的障碍。我迎来了一位对自己所教学科无比热情的女教师,
她既耐心又和善,一点儿也不像之前那些自命不凡的牛仔男们。不
可思议的事情发生了,因为她,两年下来,我简直成了数学好手,在中

---

① 《面对数学,男人和女人势均力敌吗?》(Les hommes et les femmes sont-ils égaux face
aux mathématiques?),FranceTVInfo. fr,2013 年 11 月 29 日。

学会考（Maturité，相当于 bac① 的瑞士文凭考试）中考了相当不错的成绩。在数学口试中，我顺利地写出演算公式后，还漂亮地回答了一个有点儿棘手的问题，她兴奋地喊道："好样的！"那是 25 年前的事了，但我从未忘记过那个激动的"好样的"，对于当时站在写满数字的黑板前的我是那么如梦似幻。我的愚笨并不是命定的：我兴奋到晕眩。[2014 年，来自伊朗的玛丽安·米尔扎哈尼（Maryam Mirzakhani）成了第一位获得菲尔兹奖（la médaille Fields）——相当于数学界诺贝尔奖——的女性。三年后，40 岁的她死于癌症。]

"'在哪方面'卓越？"

　　除了有些学科我真的弄不懂之外，还是有一些我挺擅长的，也让我挺自信的学科。比如高中时，在我差点儿因为理科而崩溃时，我的希腊文翻译可是在会考中拿了奖的。但我当时只觉得这是附属科，只能证明我的小脑瓜可以作为一颗小卫星，奏着欢快的音乐不停地绕着"真知识"这颗行星旋转。但渐渐地，我对这种公认的所谓真理产生了质疑。直到今天，我某些方面的不足还是让我感到遗憾。所以，在实务方面，我远没有那种别人以为（所有知识分子）都有的蔑视感，我很抱歉自己在这方面就是个白痴。但除此之外，我越来越有底气去质疑评判智力的主流标准。

　　比如说，作为读者的我当时爱上《世界外交论衡》这本杂志，是因

---

① bac 全称为 baccalauréat，是法国高中毕业生为取得高中结业证书而参加的一种文凭考试。——译者注

为它的文学和哲学文章写得好。它关于时代和社会的思考、责任感、具有的伟大知识分子的鲜明特征、精妙又不落俗套的象征手法，都让我深深地爱上了它。在这本杂志中，我看到了甚合我意的某种诗意报刊。刚开始在这里工作时，我也曾被许多同事酷爱使用数字、图形、图表一事打乱了阵脚，这些东西我之前压根没留意过。我对这些一窍不通，当我偶尔试图涉足时，理解的闪电会划破我脑中的晦暗，我一点儿也不想了解这些。我不否认它们有用或很棒。确实也有一批读者很喜欢看这类事物。但也存在另一些人，比如我这类的，他们接收不到这类东西传达给他们的信息，他们更倾向于其他感知世界的方式，那些方式的信息量同样丰富。一开始，我惭愧于自己用不好数据图表，但现在我释然了。并且，随着年岁渐长，我越来越能看清，在所知领域碾压我的那些人也有他们的局限、死角和弱点。我质疑——至少在内心深处——我在他们面前的愚笨的绝对性以及他们面对我时的智商的绝对性。但这对他们来说是理所当然的。可以理解的是：既然站在了智力好的那一侧，对自己的机敏有什么好困扰的呢？这也许是我要写书的原因：给我自己创造能发挥才能的地方（好吧……我希望是），呈现出几个并非人们想象中的那种主题，证实它们的意义和重要性。

当人们讨论女性在大学里的地位时，一般说的都是女大学生与女教师的比例，或是男性在某些部门几乎是弥足珍贵的存在。人们会抱怨性别歧视——一般是来自男学生与男教师的歧视——或女性自身缺乏自信导致她们不敢选物理或计算机这样的专业。但人们似乎经常忘记质疑教学内容本身，忘记了对于某些年轻女性而言，进入大学意味着吸收一些知识、方法和规范，但这些却是几个世纪以来在没有女性参与（有时甚至是为了针对她们）的前提下创立的。如果你指出了这一问题，有人立马就怀疑你是本质主义者：您难道想说女性的大脑构造不同于男性，她们有一套"典型女性化"的方法学习知识吗？如果她们用自己的话来叙述知识，她们会在数学公式旁边加上小心心吗？然而，本质主义的指责也可以反转：正是因为女人和男人并不是某个抽象空间内凝固的组成物质，而是在历史的变化与运动中维持某些关系的两个群体，所以不能将大学知识视为一种客观的东西，并赋予其某种绝对价值。

人们总说，历史是由胜利者写就的。例如，每年 10 月有一天是克里斯托弗·哥伦布日。近几年来，有越来越多的声音抗议这一官方历史。就"发现美洲"这一说法而言，单说"发现"一词就很成问题，因为抗议者的举证让大家看到，对于某些人来说勇敢的探险家对于另一些人来说就是血腥的侵略者。从某种角度来说，女人何尝不是历史的失败者呢？这段历史有多暴烈血腥，想必从前文也已窥见一斑。那为何她们是唯一一群被征服还不能发表观点的人呢？当然，有了女人这一层身份也不一定就能给出什么独到的见解。我们能看到一些史学家支持采纳女性主义的研究视角，也能看到一些女性史学家拒绝用女性主义的角度解读猎巫运动。总有一些被殖民的子孙觉得殖民自有它的魅力，有一些奴隶的后代对奴隶制主题完全不感兴趣，还有一些白人对这两个主题热血沸腾。但即便如此，就能说归属于哪个族群毫不重要吗？正如前面提到过的，历史作为一门学科是由男人塑造的这件事，对于如何处理——或者说，一开始的不予处理——猎巫运动这一史实，并不是毫无影响的，因为这段史实曾被长期忽略，或只是在脚注中被隐晦地提起。这里再提供一个事例：埃里克·麦德福特曾写到在某些还不适应单身女性存在的社会里，猎巫运动曾起到某种"疗愈"效果。玛丽·达利对此提出了两个问题：

第一，敢不敢用同样的字眼（"疗愈"）来描述屠杀犹太人或私刑处死黑人？ 第二，疗愈了谁？[1] ……

　　20 世纪 90 年代初，格洛丽亚·斯泰纳姆在她关于自我评价的书中提到，有人曾对美国 20 万名大一新生做过一次调查，结果发现在上了大学之后，大多数年轻女性们越来越倾向于自我贬低，与此同时她们的男同学们却保持或增强了自我肯定。当时许多大学教员都强烈抵制学术经典多样化，因为那样会为女性与少数族群创造更多的空间。他们大肆攻击"政治正确"（Politiquement correct）——其缩写是"PC"，WITCH 组织的其中一位创立者罗宾·摩根曾调侃说这其实指的是"Plain courtesy"（"朴素的礼貌"）。他们自认是"卓越"的卫道士。"难道最重要的问题不该是'在哪方面'卓越吗？"斯泰纳姆评论道。在她看来，他们之所以急着拉住历史的缰绳，就是因为他们知道，这一改变不仅意味着让女性和少数族群进入大学课堂或某个现存机制内，还意味着"让他们学会用新目光审视、质疑各种用来评判其言行的'标准'这一概念本身"。[2]

　　我一直觉得，当我面对艰涩科学的霸权和某种接触这个世界的方式——冰冷、规矩、客观、持重——时，我的不平与我的女性身份相关。但因为讲不清楚具体是什么关联，也就不愿意详细说明了。还是本质主义的幽灵阻止了我。我不想看到自己为某种"女性化"看待与做事情的方式辩护。另外，我也看到，不是所有女性都像我这样，就像我也在男性身上看到了和我一样的知识感性。于是，我就只深挖一个理念。不管我写的什么内容，最终都会神不知鬼不觉地转到这个理念上。就算我写的是一本关于甲壳动物繁殖的书，我也能找

---

① 玛丽·达利，《女性/生态学》。
② 格洛丽亚·斯泰纳姆，《内在革命》。

到办法把这个理念放进去。我一再组织语言，不断地抛出对理性（或只是人们自以为的理性）崇拜的批判。我们对这种理性崇拜早已习以为常，甚至经常曲解它的原意。这种崇拜既决定了我们如何看待这个世界，如何去认识与它相关的一切，还决定了我们要对这个世界做些什么，如何改造这个世界。理性崇拜让我们将世界理解为一堆分离、呆滞、毫无奥秘而言的事物，它们各自的用处都是即时的且仅有一个，可以用客观的方式认识它，要用它时把它拿出来就好了。这种崇拜一直依附于 19 世纪的主流科学，直到量子物理的到来扰乱了这一片祥和，当然这只是不那么傲慢的说法。量子物理为我们讲述的更像是一个环环相扣的世界，解开了这个奥秘就会出现其他未知的玄妙，这种探秘可能永无止境。在这个世界里，各事各物并非互相区隔的，而是交缠纠结的。在这里，人们要打交道的，不再是属性固定的客观之物，而是能量流与某些进程。在这里，观察者的存在会影响经验的展开。在这里，我们远远不能坚持某些牢固不变的规律，我们看到的是不规律、不可预见性，还有无法解释的"跃变"（sauts）。正是基于这一切，斯塔霍克说，现代物理证实了女巫的直觉。物理学家伯纳德·德·斯帕纳特（Bernard d'Espagnat）认为，考虑到迄今为止物质与世界对终极认识表现出来的抵制，依靠艺术来捕捉总是与我们的智识捉迷藏的东西也并不荒谬[1]：可以想见，如果用这一结论来重新组织我们早已熟稔的所知所识，其结果会有多么颠覆……

即使到了一百年后的现在，我们还在努力整合上述发现背后的含义，其尖锐地否定了 17 世纪兴起的世界观。这一世界观的代表人物笛卡尔在其著名的《方法论》中曾畅想看见人类成为"自然的主人

---

[1] 参见莫娜·肖莱，《冲击现实》（À l'assaut du réel），收录于 *La Tyrannie de la réalité*。

与掌控者"。地理学家奥古斯丁·博克[1]曾在其著作中分析过因笛卡尔这种面对自然的姿态而引发的各种混乱。让-弗朗索瓦·比耶泰[2]也曾梳理过整条"连锁反应"的进程,即这种商人式的、冰冷算计的逻辑从文艺复兴的西方缓慢延伸至全球,甚至被错认为理性巅峰的过程。[3] 迈克尔·勒维(Michael Löwy)与罗伯特·赛尔(Robert Sayre)已经指明,当年的浪漫派艺术家——被今人视为一群脸色苍白又兴奋异常的浪荡子们——早早就意识到了这套思想体系的根本错误。即使他们想要发掘与拔高其他精神领域,但并没有公开表示拒绝理性:他们只是尝试"反对工具式理性主义,即为主宰自然与其他人类而服务的理性主义,一种以人为大的理性主义"。[4]

这些思想家们帮我厘清了面对我们长久浸淫的文化时所感到的不适。因为这种文化教世人征服、喧闹、好斗;因为它天真而荒唐地相信,可以将身体与精神分离,将理智与情感分割;因为它盲目地孤芳自赏——甚至是反应过激——瞧不上其他文化;因为它惯常用丑到离奇的建筑物与城市规划来破坏自己的地盘,甚至还用大炮打苍蝇(却不提及杀死苍蝇这件事);因为它的棱角太锋利,因为它的光芒太刺眼;因为它无法容忍阴影的存在、朦胧的存在、神秘的存在[5];因

---

① 参见奥古斯丁·博克(Augustin Berque),《居住区:人类环境研究导论》(*Écoumène. Introduction à l'étude des milieux humains*[2000]),Belin,"Alpha",巴黎,2016年。

② 让-弗朗索瓦·比耶泰(Jean-François billeter,1939—　　),瑞士的中国思想史学者,其汉名为"毕来德",日内瓦大学退休教授。——译者注

③ 让-弗朗索瓦·比耶泰,《三缄其口的中国》(*Chine trois fois muette*),Allia,巴黎,2000年。

④ 迈克尔·勒维、罗伯特·赛尔,《暴动与伤感:反现代性潮流的浪漫主义》(*Révolte et mélancolie. Le romantisme à contre-courant de la modernité*[1992]),Payot,巴黎,2005年。

⑤ 关于这一话题,参见谷崎润一郎,《阴翳礼赞》(*Éloge de l'ombre*[1933]),由 René Sieffert 译为法语,Verdier,巴黎,2011年。

为它散发着一切皆可贩的病态气息。这些作家的笔墨渲染了某种悔恨，不是对已存在的世事，而是对本能够存在的世事感到遗憾。直到现在，我还是没能找到一种令人满意的方式来清楚地说明我对女性主义的痴迷，尽管我觉得这两者之间有某种关联。但因为前面提到的猎巫运动以及众多女作家对此的解读，一切都变得明晰了。就像我找到了我的拼图上至关重要的那一块一样。

自然之死

西尔维娅·费德里希有本书叫《卡利班与女巫》，这个书名参考了莎士比亚《暴风雨》中的一个人物。卡利班在《暴风雨》中是一个黑皮肤的怪物，据说是由女巫所生，从精神到身体都很丑陋。他被书中的男主角普洛斯彼罗形容为"恶毒的奴隶"或"暗黑之果"。卡利班象征着奴隶与被殖民者。对他们的剥削，就如剥削女性一般，完成了资本主义跃进所需的原始积累。但是与奴役女性更像的另有一种奴役，这种奴役也更常拿来与奴役女性作比较：那就是对自然的奴役。这一理论在 1980 年由生态女性主义哲学家卡洛琳·麦茜特提出，她的著作《自然之死》①算是补充了费德里希书中的未尽之言。她在书中追溯了文艺复兴时期，当时人类的活动变得更密集，只求获取大量的金属、木材以及广袤的耕地，这不仅空前地改变了地球的面貌，同时也在精神层面掀起了翻天覆地的变化。

---

① 卡洛琳·麦茜特(Carolyn Merchant)，《自然之死：女性、生态与科学革命》(*The Death of Nature. Women, Ecology, and the Scientifique Revolution* [1980])，HarperOne，旧金山，1990 年。

古老的世界观将世界理解为一个鲜活的机体，经常将其比作一个哺育的母亲的形象。自古希腊、古罗马时期以来，老普林尼、奥维德或塞涅卡①都曾谴责过采矿行为，称其为被贪婪（对金子）或屠杀欲（对铁矿）支配的侵犯之举。在 16 和 17 世纪，诗人埃德蒙·斯宾塞（Edmund Spenser）和约翰·弥尔顿（John Milton）又给采矿加了一条罪名——淫欲，因为那是对地球的强奸。当时的人们就看到了"采矿这一行为就像在女性体内四处翻找东西"。②矿脉被看作大地母亲的阴道，金属所藏匿的洞穴，就如同她的子宫。原有的精神模式站不住脚了，渐渐被其他模式所替代。在这些模式下，人们开始肆无忌惮，采伐无度，地球的身体失去了活力。同时，狂热的新商潮需要大量木材来建造码头、桥梁、船闸、驳船、舰艇，还要拿它来做肥皂、啤酒桶或玻璃器皿。于是，第一次出现了将这样的自然视为"资源"的管理方面的担心：1470 年，威尼斯出了一条法令，规定从此以后，只能由兵工厂，而非本市官员来组织橡树的砍伐。麦茜特这样总结新出现的全景："随着欧洲的城市逐渐扩大、森林逐渐衰退，随着沼泽干涸、运河网在景观中铺开，随着无数大型水车、熔炉、锻炉与吊车渐渐主导整个工作环境，越来越多的人开始感受到自然被改变、被机器所操控。因此也就产生了某种迟缓但又无法逃避的异化，与人类经验的基础——直接的、即时的、有机的人与自然的关系——相背离。"机械论宣扬的是，对世界的认识可以是"确定且相互连贯的"；有机生命的无序让位给"数学法则与恒等式的稳定性"。世界从此被看作一具

① 老普林尼（Pline l'Ancien，约 23—79），古罗马百科全书式的作家，代表作《自然史》。奥维德（Ovide，前 43—公元 17），古罗马诗人，代表作《爱的艺术》《爱情三论》等。塞涅卡（Sénèque，前 4—公元 65），古罗马政治家、哲学家，其一生著作颇丰，代表作《道德书简》《美狄亚》等。——译者注

② 卡洛琳·麦茜特，《自然之死》。

死尸，物质都是被动的。机器的模型，尤其是时钟，在各处都很流行。笛卡尔在《方法论》中将动物比作自动装置。托马斯·霍布斯①——或许是受了 1642 年布莱兹·帕斯卡(Blaise Pascal)设计出第一台计算器的启发——竟将推理比作简单的加加减减。②

就是在这一时期，发生了苏珊·博尔多所说的"分娩惨剧"：将自身从中世纪的有机体兼母体中剥离出来，以投身到由"清晰、超然、客观"主宰的新世界。人类从这个旧宇宙跳脱出来，"就像是个完全独立的实体，和之前共享灵魂的旧宇宙一刀两断"。这位美国女哲学家认为这是"一种对女性气质的逃离，远离了与世界母亲的联合记忆，抛却了所有与之相关的价值"，代之以强迫式的拉开距离，划清界限。③ 对此，贝奇特也说过："制造新男人的机器"也是"杀死旧女人的机器"。④ 从此出现了一种"高度男性化的认知模板"、一种"男性认知风格"，冰冷且无生气。博尔多指出，这种对世界的阐释一点儿也没有 20 世纪女性主义的迷幻色彩："现代科学的创建者们故意且明确地断言，科学的'男子气'将创立一个新纪元。他们认为这股男子气可以使认知通往一个更干净、更纯粹、更客观、更有序的世界。"因此，英国学者弗朗西斯·培根宣称这是"时代雄风之诞生"。⑤

所有主体与其自身、与周遭世界的关系都被颠覆了。肉体被认为独立于灵魂且与其无关："我并非这团俗称人体的肉身"，笛卡尔在

---

① 托马斯·霍布斯(Thomas Hobbes，1588—1679)，英国的政治哲学家，创立了机械唯物主义的完整体系。——译者注

② 卡洛琳·麦茜特，《自然之死》。

③ 苏珊·博尔多(Susan Bordo)，《飞向客观：笛卡尔主义与文化论文集》(*The Flight to Objectivity. Essays on Cartesianism and Culture*)，State University of New York Press，奥尔巴尼，1987 年。

④ 吉·贝奇特，《女巫与西方》。

⑤ 苏珊·博尔多，《飞向客观》。

《方法论》中如是说。西尔维娅·费德里希从中看到了一些观念，这些观念之后将人变成了"工具，贴合资本主义规则所要求的规律性与自动性的工具"。[①] 苏珊·博尔多提醒道，对肉体的鄙夷——将其比作牢笼——在西方哲学中可追溯到古希腊时期。[②] 但她又解释道，不论是对柏拉图还是对亚里士多德来说，肉体与灵魂都是交缠在一块解不开的，灵魂只有在死后才能逃离肉体。笛卡尔呢，步子跨得大了些：他直接将二者区分为两种截然不同的物质。对他来说，人的精神"一点儿也不掺和肉体的事儿"（《方法论》）。

自然不再被当作滋养的腹地，而是变成了一股无序、野蛮、要去征服的力量，就像女人那样，卡洛琳·麦茜特如是说。曾经的她们据说比男人更接近自然，也更富有性欲（但性压迫如此成功，以至于当今女性被认为比男性更寡欲）。"女巫，是自然中暴烈的化身。她制造风暴，引发疾病，毁坏农田，阻碍繁衍，屠杀幼儿。这引发失序的女人，就像混乱的自然，应加以管束。"一旦套上笼头、被降服之后，无论是女人还是自然都只剩下某种装饰功能，成为"疲惫不堪的丈夫——实干家（mari-entrepreneur）的心灵慰藉与休闲胜地"。[③]

弗朗西斯·培根（1561—1626）这位公认的现代科学之父，生动地表达了这两种主宰的共同点。他在国王詹姆士一世[④]身边做了10余年的近臣顾问，并担任过各种权高位重的职位，尤其是首席检察官一职。詹姆士一世本人也写过一篇魔鬼学的论著，他坐上英国王位

[①]　西尔维娅·费德里希，《卡利班与女巫》。

[②]　苏珊·博尔多还有一本著作是关于西方现代文化中与肉体的关系以及对苗条的执念的，我在自己的《致命的美丽》中有大量引用。这部著作名为《不可承受之重：女性主义、西方文化与肉体》(*Unbearable Weight. Feminism, Western Culture, and the Body* [1993])，University of California Press，伯克利，2003 年。

[③]　卡洛琳·麦茜特，《自然之死》。

[④]　詹姆士一世（Jacques Ier，1566—1625），英国斯图亚特王朝国王。——译者注

后立即修改了立法：即日起，任何使用巫术的行为，不只限于害人性命，都将被处死。在卡洛琳·麦茜特看来，培根在其书中隐晦地主张将对付行巫嫌疑犯的那一套用在自然身上。他用来确定他的科学目标和方法的图像都直接来自法院或是刑讯室，他在那里待的时间可不短。他建议，应对自然严刑逼供，强迫它交出自己的秘密。他曾写道：不该认为"审判自然这种事再怎么说也不能做"；反之，应将自然"贬为奴隶"，"给它戴上镣铐"，用机械工艺来"塑造"它。① 现存的某些术语中还有些痕迹透露出这种征服者的姿态，甚至还带有一丝男性的、侵犯的意味：比如说到"洞穿一切的头脑"（esprit pénétrant），或是英语中的"铁证如山"（hard facts）——也就是说无可争辩。② 我们甚至还在一位美国环保主义哲学家奥尔多·利奥波德（Aldo Leopold，1887—1948）所写的内容中看到过这种姿态："环保主义者就是谦逊地意识到，自己的每一锹都是在土地上写下自己的名字。"③

　　到了 19 世纪，最终被驯化的自然可以用一个顺从的女人来形容。它已不再反抗科学的攻城略地。法国雕塑家路易-厄内斯特·巴莱斯（Louis-Ernest Barrias，1841—1905）有一件名为《自然在科学面前揭开面纱》④的作品，就展现了一名衣襟敞开的女子姿态优雅地摘掉盖在头上的面纱。如今看着她，不由得让人想起在阿尔及利亚战争时期，法国人的宣传海报上有一段怂恿阿尔及利亚女子摘掉面

① 援引自卡洛琳·麦茜特，《自然之死》。
② 卡洛琳·麦茜特，《自然之死》。
③ 援引自帕斯卡莱·德·埃尔姆（Pascale d'Erm），《生态学上的姐妹：论女人、自然与世界的复魅》（*Sœurs en écologie. Des femmes，de la nature et du réenchantement du monde*），La Mer salée，南特，2017 年。
④ 此处原文写作"*La Nature se dévoilant*"（自然揭开面纱），经查证全名应为"*La Nature se dévoilant à la Science*"（《自然在科学面前揭开面纱》）。该作品现藏于法国奥赛博物馆。——译者注

纱的标语（"你们难道不漂亮吗？快揭开面纱来看看呀！"），还有2004年禁止在学校戴头巾的法令。很显然，女人——特别是本地女人——还有自然，当初都是以同样的逻辑被驯服的，现在竟想在西方男权的眼皮子底下有所掩藏，这显然是不可容忍的。所以要将行巫嫌疑人的身体全部剃光——不管是毛还是发，这样才能彻底地检查，正如所宣示的那样，看见一切是为了更好地掌握。

德勒夫、坡坡科夫与别人

前文我们提到过的某书中德勒夫医生的诊所开在一条叫作"窥淫癖"（Scoptophilie）的大街上。窥淫癖，又称窥视欲，西格蒙德·弗洛伊德将其描述为以某人为客体进行检视而产生的愉悦，这种快感一般与操纵感有关。这条街位于（虚拟的）"分拣城"（ville de Tris）。故事开始时，夜幕降临。医生在他的办公室里，那是一间遍布灰尘的小房间。书架上摆放着一些泛黄的玻璃瓶，里面漂浮着"几个浸着福尔马林的子宫和一些女人的乳房"，还有一个女人流产的胎儿。[1] 这时，这位妇科医生的女管家已经开始为他准备晚饭了。这一天的倒数第二位女病人刚到，正坐在长沙发上。这是她第一次来这里。她叫夏娃，慕名来咨询"这位享有盛名、当之无愧的专家"。她的病很奇怪：她觉得自己身上附了成百名不同时代的女性的命运与声音。在漫长的会诊中，这名女性处于一种恍惚的状态，陆续有好几个女性通过她的口说话，有一个《圣经》里的女罪人，一个被关在修道院

---

[1] 马尔·坎德，《女人与德勒夫医生》。

里的修女，一个被当作女巫烧死的老妇人，一个在林中拾柴火时被强奸的年轻农家女孩，一个被限制行为而被厕所气味熏死的女贵族，一个被自己丈夫监禁的妻子，还有一个在非法堕胎后死掉的妓女。

德勒夫会——多多少少地——听一听，时而厌烦，时而走神，时而嘲讽，时而急躁，时而不安，时而发怒。他自问该怎么处理这个疯女人：把她送去疯人院还是只用药让她倒下？"是的，是的"，当她在大声怒斥时，他就这么低声嘟囔着。他回忆起年少时曾让他害怕或羞辱过他的女人，关于这些女人的记忆在脑海中不断浮现。他坚持自己的科学和数学公式，以抵御女性给他带来的恐惧："（天堂×修女）^{禁果} × 柴堆 ＋ $\sqrt{被玷污的小女孩}$ － 泥地 ＋ 妓女，我们的得数是……"当女病人的口中出现某个猎巫人时，他一下子专注起来，动情地想到他的恩师坡坡科夫，他就是某个"显赫的猎巫家族"的后裔。他让年轻女人给他详细讲讲这个男人。"这人非常让人讨厌，"夏娃回答道，"他穿着大皮靴，拿着一根又长又硬的手杖，穿着一件巨大的斗篷，像这夜晚一样黑。他年纪跟您差不多，医生，嗯，是的……是的，我跟您说，他身上有些什么让我想到了您，德勒夫医生！"医生先是眼睛一亮，感到荣幸，后来脸色又暗了下来，因为他似乎从病人的声音里辨识出了一丝"轻微的嘲弄"。

在瑞典作家马尔·坎德（1962—2005）的这部小说里，虽说首先针对的是西格蒙德·弗洛伊德与精神分析学，但更广泛来说，其讽刺的对象是医生与科学家这一群体。医学似乎已成了现代科学向女性宣战的主战场。我们所认识的医学正是建立在对她们的物理清扫之上的：猎巫运动最初瞄准的就是女疗愈师，这是有目共睹的。她们因为更有经验，所以比官方医生更有能力。在官方医生队伍中，有很

多人是可悲的狄亚富瓦鲁①，但他们利用了清除这批“不正当”劲敌的
机会，将对方的许多发现占为己有。然而，13 世纪时——早在猎巫
运动开始之前——随着医学院在欧洲大学的出现，女性被禁止从事
医药行业。1322 年，定居巴黎的佛罗伦萨贵族女性杰奎琳·菲丽
西·德·阿尔马尼亚(Jacqueline Félicie de Almania)被本市医学院
的人告到了法庭，因为她非法行医。有 6 个证人证实她治好了他们，
其中有一个还说她“医术和外科技术比巴黎最厉害的内科医生或外
科医生还要好”，但这证词却让她的处境雪上加霜，因为身为女性，她
就是被判定为不能行医。② 有一本叫作《特罗图拉》(Trotula)的文
集，收集了许多妇科病症，其得名就来源于一位著名的女性医生萨莱
诺的特洛塔③。这本文集的命运④为我们展示了女性不仅在医学实
践上被除名，甚至在医书史上也被抹去了身影。《特罗图拉》汇集于
12 世纪末，历经各种磨难，最后于 1566 年辗转到某德国书商的手中。
书商将这部分书稿整合到一部更宏大的合集——《妇科书》
(Gynaeciorum Libri)中。由于对特洛塔的身份存有疑问，所以书商
将这部分书稿安在了某个名为艾洛斯(Eros)的男医生头上。“这样

① 狄亚富瓦鲁(Diafoirus)，莫里哀的《无病呻吟》中的人物，是一个喜欢使用复杂科学术
　 语的书呆子，但并不太关心病人的实际健康。——译者注
② 芭芭拉·艾伦赖希、迪尔德丽·英格利希《女巫、助产士与护士》。
③ 萨莱诺(Salerne)的特洛塔(Trota)是 12 世纪初期或中期的意大利医生，住在意大利南
　 边海岸的萨莱诺。在 12 世纪及 13 世纪时，在法国及英国也广为人知。著有《女性疾
　 病》(De passionibus mulierum curandarum)，该书详细介绍了女性怀孕、生产、产后护
　 理及新生儿的照护等内容。此书在 15 世纪成为广泛采用的教科书。——译者注
④ 有一些搜集特洛塔治疗方式(甚至列出其治愈病患)的拉丁文著作，后来被纳入女性医
　 学的文集中，被称为《特罗图拉》。渐渐地，读者已不知道那是三个不同作品的合集，也
　 忘了其中一位作者的名字是“特洛塔”(Trota)，不是“特罗图拉”(Trotula)。后来读者
　 甚至误以为特罗图拉是整个合集的作者，这间接导致其中特洛塔的名字、性别、教育程
　 度、医学知识及文献所著时间都被人修改或删除。特洛塔所著作品一直到 20 世纪末
　 才重新被人发现。——译者注

一来,《妇科书》里收集的希腊、拉丁和阿拉伯作者名单就展示出了明显的同质性：一群男性在谈论女性身体,标榜自己掌握了妇科知识的要义。"多米尼克·布朗切这样总结道。① 在美国,现如今的医生从业者中男性所占的比例比欧洲的更高,但对女性的排挤却比欧洲晚一些,大概在 19 世纪。来自中产阶级白衣(白种)男性的雷霆一击,引起了女性猛烈的抵抗,特别是在大众健康运动时期②,但最终还是男性获胜了。③

2017 年,有一位匿名的法国医院医生在欧洲 1 号电台(Europe 1)里得意地承认曾把手放在其女同事的屁股上,"只是开玩笑"。如果他的女同事对他这种"让大家放松心情"的心意深有同感,突然伸手摸他身上的家传宝或是在他屁股上拍一下的话,可能就没那么好笑了。④ 著名的"医科学生精神"或"解压之需"这样的借口,总是被一次次提起,只是为将同事、上级对女性医生的性骚扰合理化⑤,并在各种场景下掩盖骚扰带来的敌意。同样被掩盖的还有男性医生根深蒂固的念头：她们不该在这儿,她们是侵入者。这样带着怨恨的回声像是从很久远的地方传来。2018 年,图卢兹普尔班医院(l'hospital Purpan)的十几名实习医生——大多数为女性——发起

① 多米尼克·布朗切,《羞耻的双关语：文艺复兴时期的激情产物》(*Équivoques de la pudeur. Fabrique d'une passion à la renaissance*),Droz,日内瓦,2015 年。
② 大众健康运动时期(Mouvement populaire pour la santé),19 世纪 30—50 年代在美国总统安德鲁·杰克逊时代兴起的一场运动。该运动促进了对基于个人权威的医学专家所提出的主张的理性怀疑,并激励着普通人理解医疗保健的实用性。——译者注
③ 芭芭拉·艾伦赖希、迪尔德丽·英格利希,《女巫、助产士与护士》。
④ 《医院里的性骚扰："老实说,有几次真把手放到了屁股上"》(Harcèlement sexuel à l'hôpital: "Franchement, il y a des fois où on met des mains au cul"),Europe 1,2017 年 10 月 25 日。
⑤ 奥德·罗里奥(Aude Lorriau),《性别歧视是如何根植于法国医学界的》(Comment le sexisme s'est solidement ancré dans la médecine française),Slate. fr,2015 年 2 月 5 日,也可参见 le Tumblr Paye ta blouse,www. payetablouse. fr。

了一项活动，要求撤下实习生食堂墙上的色情壁画。他们的同事中有几位显得有些犹豫，因为他们觉得这种"医科学生艺术"是"医学史中不可分割的一部分"[①]：无言以对……无独有偶的是，一位外科女医生说在她刚开始职业生涯那会儿，有一天下班时，她的导师对她说，"小鬼，你在这行或许能有出息。你是我见过的第一个在手术室里没哭的小丫头。"[②]

同样地，女病人也尝到了这种身体被轻佻对待的苦头。比如她们在手术室沉睡时，医务人员对其身材品头论足，又比如，某位年轻女子去看妇科医生时所经历的一幕："上一次，在会诊结束后我想再去找医务秘书预约下一次的时间，却看到他（妇科医生）进了同事的办公室，跟别人描述起我的胸部。我听到他们大笑。秘书麻木地听着，我一下就明白了，这不是第一次，她听到过。之后我再也没去过那儿。"[③]医学界和军队类似，都是弥漫着对女性深深的敌对情绪并崇尚男子气概的专业团体——尤其害怕"娘娘腔"的举动。但在一个实施暴力的机构里见怪不怪的事情，放到一个旨在治愈的专业里，显得尤为骇人。

引人注目的是，今天的医学界仍然集聚了诞生于猎巫时代的科学的各个侧面：进攻型的征服精神，仇恨女性；相信科学是全能的，相信科学的践行者也是全能的；相信肉体与精神是分开的，相信一种冷漠的、不受任何感情影响的理性。一开始，医学就秉承了这股征服与掌控的意志，麦茜特已为我们梳理了这股意志的由来。但有时这

---

① 索吉戈·勒·讷维（Soazig le Nevé），《图卢兹大学医学中心（即普盼医院）实习生最终撤下了带有性别歧视色彩的壁画》（Des internes du CHU de Toulouse obtiennent le retrait d'une fresque jugée sexiste），*Le Monde*，2018 年 3 月 19 日。

② 援引自马丁·温克勒，《白衣野兽》。

③ 马丁·温克勒，《白衣野兽》。

股征服欲已到了夸张的程度：2017 年 12 月，一位英国外科医生被告上了法庭，因为他在给两名病人做器官移植手术时，将自己的名字首字母用激光刻到了移植的肝脏上。[①] 面对女病患时，这种态度有愈演愈烈的趋势。首先，正如弗洛伦斯·蒙特雷诺（Florence Montreynaud）指出的，"女性器官都是以男性的名字来标记的"，这就像在女性身体的各个部位插上旗子："直到 1997 年，连接两个卵巢和子宫的导管一直被叫作法罗皮奥管（trompes de Fallope）——法罗皮奥是 16 世纪的一位意大利外科医生——最近才有了输卵管（trompes utérines）的叫法。那些位于卵巢里的小囊泡，也就是从青春期开始到绝经期结束的岁月里，每个月都孵熟一颗卵子的小囊泡叫作德格拉夫卵泡（follicules de De Graaf）。这个德格拉夫也是个男医生，是 17 世纪的荷兰人。分泌外阴与阴道入口液体的腺体被命名为巴多林氏腺，这位巴多林是 17 世纪丹麦的男医生。另外，在 20 世纪，阴道里有一块神秘的快感区被命名为 G 点，这个'G'来自德国男医生恩斯特·格拉夫伯格（Ernst Grafenberg）的姓氏首字母。想象一下这事儿发生在男人身上：海绵体叫伊米莲·杜邦（Émilienne Dupont），或者输精管叫凯瑟琳·德·肖蒙（Catherine de Chaumont）……"[②]

这样的控制并不只是纸上谈兵。医学界似乎特别热衷于一直监视女性身体，并确保自己能无限制地使用它。就像在孜孜不倦地重复着对自然与女性的驯化过程一样，似乎总是要迫使这个机体处于消极被动，才能保证它/她的顺从。例如，马丁·温克勒就质疑在法

---

① "一位外科医生因为刻了名字首字母而被告……刻在了病人的肝脏上"（Un chirurgien jugé pour avoir gravé ses initiales... sur le foie de ses patients），L'Express. fr，2017 年 12 月 14 日。

② 弗洛伦斯·蒙特雷诺，《给一只小猫咪命名……：性的语言和乐趣》（Appeler une chatte... Mots et plaisirs du sexe），Calmann-Lévy，巴黎，2004 年。

国被说成"雷打不动的规矩""神圣的义务"的妇科会诊，在法国，从青春期开始，即便身体非常健康，也要参加每年的妇科检查。这在他看来毫无理由："这种'自有性行为开始，之后每年'进行妇科检查、乳房检查及涂片检查'以预防某些疾病'（言下之意就是可能有罹患宫颈癌、卵巢癌或乳腺癌的风险）的说法，在医学上是没有根据的。更不用说 30 岁以下的女性得这些癌症的可能性是极小的，并且，即使得了也不可能在一次'泛泛'的会诊中就检测出来。然后，又过了一年，病人恢复健康了，医生连检查也不做就又写了（避孕的）处方。为什么？很简单：如果这个女人没事了，给她检查出'问题'的可能性就几乎不存在了。那么，坦率地说，干嘛还要烦她呢？"对啊，为什么呢？ 有时，这种规矩还会被暗箱操作：温克勒提到了一个案例，是两个十几岁的女孩子被她们的医生，同时也是她们的镇长要求每季度做一次乳房检查和一次妇科检查。[①] 这位镇长的动机或许是出于深层的意识形态考量吧。博主兼作家玛丽-艾莲娜·拉埃（Marie-Hélène Lahaye）强调了 2016 年 6 月，法国的妇产科医生在反对拓宽自由助产士技能的新闻稿中所使用的激昂标题：他们说自己揭发的是某些不利于对女性进行"医学监督"的措施……玛丽·达利从这种习惯里看到的是让所有女性都保持某种焦虑与担忧的状态——就像让她们对照审美标准而担忧一样——这消耗了她们的部分能量。[②]

很多医生觉得自己的正当性毋庸置疑，以至于干了不法的事都不自知。2015 年，在网络上发现了一条南里昂医学院（médecine de Lyon-Sud）的内部备忘录。内容是邀请妇科专业的学生们实训阴部

---

① 马丁·温克勒，《白衣野兽》。
② 玛丽·达利，《女性/生态学》。

触诊，操作对象是在手术室里沉睡的女病人。玛丽-艾莲娜·拉埃说，在社交网络上，许多医生与医学生看到别人提醒他们说，每个医疗行为都需要经过女病患或男病患的同意，将手指插入阴道视同强奸时，他们都感觉受到了冒犯。有些还反驳说这里头"没有什么性的意味"，他们更"没有感觉到任何愉悦"，说这是强奸有点儿言过其实了。还有些厚颜无耻地辩解道，如果照程序走、征求女病患同意的话，她们很可能会拒绝……玛丽-艾莲娜一再看到、听到有人说阴道触诊与直肠触诊只是平平无奇、毫无一丝性意味的医疗行为。她索性在推特上建议道，既然这样，医学生们大可在彼此之间开展这项实训："我表示这并未激起我的一丝快意。"[①]

还有一个很成问题的陈规旧例：当一位女性临产时，一大帮医务人员陆陆续续进来，将两根手指插入产妇的阴道，查看宫颈的扩张程度。在这个过程中，既不征求产妇同意，也不提前知会她，有时动作还有点儿粗暴。拉埃让大家想象下用类似的方式对待身体的其他部位：你去看牙医时，过一阵子就有一拨陌生人走进来把手指伸进你嘴里；或者你去找专科大夫作直肠检查，这时 10 来个人轮番把手指插进你的肛门……她总结道："这样的操作在几乎所有医科门类里都是不可想象的，除了产科。因为这一科只针对女性。"[②]这里以一种极端的方式道出了一种成见，即女人的身体属于任何人，就是不属于她自己。这种成见以不同程度藏匿在社会的各个角落，这也解释了为何女人不该为了被摸屁股而大动肝火。

---

① 玛丽-艾莲娜·拉埃，《分娩：女人值得被更好地对待》（*Accouchement: les femmes méritent mieux*），Michalon，巴黎，2008 年。
② 玛丽-艾莲娜·拉埃，《分娩》。

女子之言不足信

在进入下一个主题之前，应指明，这并不是要否认许多医护人员做出的巨大奉献，他们的工作环境经常是充满考验的。和很多病人及病人亲属一样，我受了他们很大的恩惠，所以我担心让他们误会我不知感恩或言辞不公。在为守卫自己的职业信念而斗争时，他们遇到的困难不只是预算削减与盈利逻辑：不管他们是否意识到了，他们都是在抗击着某种结构性逻辑，这种逻辑是从这个职业的开创方式继承而来的。他们中有一些人完全吸纳这种逻辑，从而变得倨傲、粗鲁、厌恶女性。玛丽·达利甚至认为，妇科学是魔鬼学以其他方式展开的延续：医生就和女巫猎人一样，可以推说自己只是试图将女性从邪恶中拯救出来，因为孱弱的本质，她们更常暴露在邪恶中；这种邪恶以前叫魔鬼，现在叫疾病。[①] 事实上，很难否认医学史上有很长一段时间对女性施行了不人道的暴行，此处就不再一一追溯了。只说几个例子：19 世纪 70 年代，那阵子曾大规模地对女性做摘除健康卵巢的手术，只为纠正被判定为过度的性欲或修正"不规矩的行为"（一般在夫妻之间）。还有摘除阴蒂，最后一条登记在案的阴蒂摘除手术是在 1948 年，对象是一名 5 岁女童，手术原因是"治愈"她自慰的"毛病"。[②] 还有脑叶切除术，这种手术能"还给家人一个不闹腾的

---

① 玛丽·达利，《女性/生态学》。
② 芭芭拉·艾伦赖希、迪尔德丽·英格利希，《脆弱或传染性强的女人们》。

人，一只真正的温顺小动物"，做这一手术的病人绝大多数为女性。^①

现在，医疗行为中除了虐待与暴力行为^②，还多了一份轻忽与随意。这都是因为利益的驱使以及制药实验室的冒失，有些结果已构成犯罪。近几年来涌现了大量的医疗器材丑闻，其中一些病患要么送命，要么生不如死：比如，法国的乳房假体 PIP，有数万产品流通到全世界，而产品中的硅胶会泄漏到体内；节育器 Essure（来自拜耳实验室），其产品的金属部分会导致一些女性无法进行房事；三代与四代避孕药，服用这些产品后，罹患血栓、肺血管梗塞与脑溢血的风险明显升高^③；盆底重建术 Prolift（来自强生实验室），本是为了治疗盆腔脏器脱垂，结果到头来却是真正的刑具，以至于有位深受其害的病人说道："我没有勇气自杀，但我真的希望一睡不醒。"^④我们还可以加上法国药厂施维雅（Servier）的糖尿病药物美蒂拓（Mediator），它已致 1 500—2 000 人死亡，由于这种药是作为食欲抑制剂开的，因此受害者大多为女性；还有优甲乐（Levothyrox，正式名称为左甲状腺素钠片）：2017 年春，德国默克（Merck）实验室修改了该药物的配方，缓解了甲状腺衰退的症状，在法国已有三百万人服用过这种药物，其

---

① 琳达·泽鲁克（Lynda Zerouk），《50 年间，在法国、比利时和瑞士，脑叶切除术的手术对象中的 84％为女性》（Durant 50 ans, 84％ des lobotomies furent réalisées sur des femmes），*Terriennes*，TV5 Monde，2017 年 12 月 5 日，http：//information. tv5monde. com/terrienes。

② 参见梅勒妮·达奇洛特（Mélane Déchalotte），《妇科黑皮书》（*Le Livre noir de la gynécologie*），Éditions First，巴黎，2017 年；《自己的播客（第 6 期）：妇科医生和女巫》[Un podcast à soi（n° 6）：le gynécologue et la sorcière]，2018 年 3 月 7 日，www. arteradio. com。

③ 《避孕药：波尔多的玛丽昂·拉哈在脑溢血后被认定为"医疗事故"》（Pilules contraceptives："accident médical" reconnu pour la Bordelaise Marion Larat après un AVC），France Info，2018 年 2 月 13 日。

④ 诺尔文·勒·布勒维内克（Nolwenn Le Blevennec），《盆底重建：卡西，59 岁，被痛苦改造》（Prothèse vaginale：Cathy, 59 ans, transformée par la douleur），*Rue89*，2017 年 10 月 28 日。

中80％为女性；然而，新配方给成千上万的人带来了极其痛苦且有致残风险的副作用。

在第二次世界大战后，也出现了乙底酚（Distilbène）丑闻。这款被认为可预防流产的药物却导致服药女性的女儿们出现不孕、高危妊娠、流产、胎畸形、癌症等问题。美国在 1971 年禁止使用这种处方药，法国是在 1977 年禁止的，但该药被 UCB 医药公司推广过，有 20 万名女性服用了这种药。其影响将波及三代人。男孩也不能幸免。2011 年，一位身体 80％伤残的年轻男子在法庭上获得了赔偿金：他的外婆于 1958 年服用过乙底酚，导致其女儿子宫畸形，而这个女儿于 1989 年生下了一个超早产儿。[1] 无独有偶，在 1956—1961 年间推广的沙利度胺（Thalidomide），本是为了缓和孕妇的孕吐症状，却可能是导致全球数万婴儿畸形的罪魁祸首。2012 年，帝亚吉欧集团（groupe Diageo）向一位出生时就无臂无腿的澳大利亚女子赔付了几百万美金。[2]

人们也开始审视关于女性的偏见在何种程度上妨碍了对女性的医疗护理。"就说同样的症状吧，一位女病患说自己胸部有压迫感，医生会给她开一些镇静剂；而一位男病患说自己胸闷就会被叫去看心脏科。"神经生物学家卡特琳娜·维达尔（Catherine Vidal）举例解释道。[3] 另外，许多女性在未查出有子宫内膜异位之前，每次月事都饱受折磨。这种疾病影响着十分之一的育龄女性，但才刚刚被人们

① 《"乙底酚"致残外孙，获赔偿金》（Handicapé, un petit-fils "Distilbène" obtient réparation），Elle. fr，2011 年 6 月 9 日。
② 《出生时无臂无腿，她得了几百万美金》（Née sans bras ni jambes, elle obtient des millions de dollars），Elle. fr，2012 年 7 月 18 日。
③ 玛丽·康比斯特隆（Marie Campistron），《"性别的刻板印象同样影响着医生和病患的态度"》（Les stéréotypes de genre jouent sur l'attitude des médecins comme des patients），L'Obs，2018 年 1 月 13 日。

所正视。在法国，它成了 2016 年全民动员运动的主题。[①] 这样的机能障碍只会招来一句"这只是您想出来的"——这就是德勒夫医生念叨的"是的，是的……"；女人没法让别人听见自己的声音，不能确认自己的话被严肃对待。我们在优甲乐事件中再次印证了这件事。女病患总是被怀疑胡说瞎编，夸大其词，被认定为愚昧、情绪化、不理智。（我还需要澄清，在面对一位不怎么友善的医生时，我并不会像平时那么废话连篇吗？）马丁·温克勒指出："有些研究让大家关注到医生无意识的性别歧视，他们更常打断女病患的话。"[②]长期以来，医学界都将女性当成天生孱弱、多病、先天不足——在 19 世纪的资产阶级中，人们将她们当作一群有慢性病的患者，老是叮嘱她们卧床休息，甚至把她们逼疯——但近期似乎改变了看法。现在，医学界怀疑她们所有的病痛都是"身心层面的"，即其精神状态影响到身体状态。一言以蔽之，她们从之前人们认为的"身体有病"变成了现在的"脑子有病"。[③] 一位美国女记者认为，当今健康产业——比如瑜伽、排毒、瘦身奶昔与针灸疗法——在富裕女性中的大获成功，虽然常遭人调侃，但这也说明了女性在主流医疗系统中体验到的是怎样不合格且非人性化的服务。她指出："这个产业会专门打造宾至如归的氛围，用柔和的灯光环境让人感觉被宠爱和轻松。而且在这里，参照的基准就是女性身体。"[④]"不管您怎么想排毒和那群提供排毒服务的人，"

---

① 克里祖拉·扎卡洛浦路(Chrysoula Zacharopoulou)，《子宫内膜异位：这一疾病终于浮出了水面》(Endométriose: enfin, cette maladie gynécologique sort de l'ombre)，Le Plus，2016 年 3 月 22 日，http://leplus.nouvelobs.com。

② 马丁·温克勒，《白衣野兽》。

③ 芭芭拉·艾伦赖希、迪尔德丽·英格利希，《脆弱或传染性强的女人们》。

④ 安娜列兹·格里芬(Annaliese Griffin)，《女人之所以追捧健康产业，是因为现代医学还是没把她们当回事儿》(Women are flocking to wellness because modern medecine still doesn't take them seriously)，*Quartz*，2017 年 6 月 15 日，http://qz.com。

一位业内人士说道，"他们就是群为您着想的人，他们知道幸福与健康是多么脆弱，他们衷心希望您人生圆满。"①

2018 年年初，美剧《实习医生格蕾》(*Grey's Anatomy*)形象地展示了传统医疗系统对女性有多不友好。该剧的女主角之一米兰达·贝利(Miranda Bailey)确信自己有心脏病发作的风险，于是去了最近的医院的急诊室。② 接待她的医生一脸怀疑，还拒绝了她所要求的更深入的检查。这里，我们看到了一场对峙——一方是黑人女性，自己就是医生；另一方是毕业于耶鲁大学的白人同侪，高高在上，傲慢自大。当贝利不得不承认自己还受强迫症困扰时，就更没有人相信她所说的话了：人们给她找了个精神科医生。当然，故事到了最后证明贝利是对的，而观众——尤其是女观众——欣赏到了那位傲慢的天之骄子的崩溃。这一集剧情的灵感来源于《实习医生格蕾》众编剧中一位女士的亲身经历。她有次被一位医生当成"神经兮兮的犹太女人"对待。③ 当这集播出的时候，正好呼应了网球运动员塞雷娜·威廉姆斯(Serena Williams)自述的经历：在 2017 年 7 月生产后，她开始出现一些肺栓塞的初期症状，但没人相信她的话，她差点儿因此丧命。她的经历也突出了一个事实：在发达国家中，美国的孕期死亡率是最高的，如果放到黑人女性上这比例还要再高一些："因妊娠并发症致死的黑人母亲要比非西班牙籍的白人母亲高两到三倍，由

---

① 塔菲·布罗德赛-阿诺(Taffy Brodesser-Akner)，《我们找到了解药！（在某种程度上……)》[We have found the cure！(sort of)]，Outside online，2017 年 4 月 11 日。

② 《实习医生格蕾》第 14 季第 11 集《(别怕)死神》[(Don't fear) the reaper]，ABC，2018 年 2 月 1 日。

③ 泰勒·迈普(Taylor Maple)，《〈实习医生格蕾〉里米兰达·贝利心脏病发作的故事线灵感是编剧本人的亲身经历》(Miranda Bailey's heart attack storyline on Grey's Anatomy was inspired by a show writer's own experience)，Bustler.com，2018 年 2 月 4 日。

黑人生下的婴儿死亡率也要高一倍。"①这是因为她们的生活条件要更恶劣些，也就意味着没有那么好的医疗随访，她们承受着更大的生存压力，同时还因为发生在她们身上的更严重的种族歧视。即便这位黑人女性有钱又有名，并且作为顶级运动员，对自己的身体有更全面的认识，这仍旧是个问题。有两个惨烈的事例说明了在法国，这种蔑视造成的致命伤害：2017 年 12 月，住在斯特拉斯堡的刚果裔年轻女性娜奥米·穆森加（Naomi Musenga）在打电话求助时，受到急救中心女接线员的嘲笑，不治身亡；2007 年，在佩皮尼昂（Perpignan），一位被班上同学取笑为"小棕人"的塔希提裔小女孩诺埃拉尼（Noélanie），差点儿被同学勒死；医生却拒绝救治她，说她"是装的"。②

潜在团结的诞生

"我恨医生。医生站着，病人躺着……站着的医生在躺着的可怜人床边巡来巡去。可怜人都快死了，这些医生也不看他们，只往他们脸上扔一堆可怜人听不懂的希腊拉丁词汇。可怜人也不敢问，不敢打搅站着的医生继续散发科学的恶臭。这些医生藏起自己对死亡的恐惧，连眉头都不皱地念出最终的判决书，开上一些聊胜于无的抗生素，就像是教皇站在露台上先是对着他脚下的民众洋洋洒洒地说上

①　弗兰兹·瓦杨（Frantz Vaillant），《美国：为何黑人女性的生产死亡率是世界最高？》（États-Unis：pourquoi cette mortalité record pour les femmes noires dans les maternités?），*Terriennes*，TV5 Monde，2018 年 2 月 7 日，http://information. tv5monde. com/terrienes。

②　《小娜奥米的磨难，被急救中心置若罔闻》（Le calvaire de la petite Naomi, mal prise en charge par le SAMU），MarieClaire. fr，2018 年 5 月 9 日。

一通，然后再给他们洒些上帝的甘露一样。"1988 年，就在皮埃尔·
德罗日①因癌症去世前不久，我看到了他在影片《明目张胆的妄想法
庭》(*Tribunal des flagrants délires*)中说的这段控词，因为感同身
受，我的心中涌出一阵感激之情。1988 年的我才 15 岁：也就是说我
很早就和医疗系统打交道了，体验还不太好。12 岁那年，我被查出
健康问题，从此就被这个专家推给那个专家，这样辗转了几年。作为
一名年少、羞怯、什么都不知道的女性，面对一群经科学之光加冕的
成年男性：我深切地感受到了马尔·坎德一针见血地指出的极不对
称的力量对比。回想当时的自己，脱得半光地站在诊室中央，被几个
医生仔细查看。他们说起我时就像我人不在那儿似的，还粗暴地摆
弄我，全然不顾我一颗少女的羞耻心。我现在回想起来，都是一只只
软塌塌又冷冰冰的手，鼻间是他们呼气与刮胡水的味道，还有白大褂
擦过我肌肤的凉意。成年后，我做了一次妇科手术。这台手术按说
是不用上麻药的痛感程度，但我的体验却很煎熬。他们嫌我娇气，大
声呵斥我。内窥镜弄疼了我，这时医生——一名女医生——发飙了。
有人对我说了一句恶毒的、无端的、不恰当的话，说我不能忍受有个
东西在我阴道里（因为窥镜——众所周知——可太惬意了）。平时我
可是相当顺从的病人，但这次我反抗了：当他们强行给我戴上面罩
准备弄晕我以便快点了结手术时，我挣扎了。我要求让我有一分钟
的喘息时间再把那玩意儿放进去。只有一名护士似乎有点儿同情
我；其他人都挺烦我的，因为我浪费了他们宝贵的时间。

　　近年来在法国，博客和社交网络让医疗虐待问题浮出水面，比如
在网站 Tumblr 上开展的"我没同意"(*Je n'ai pas consenti*)活动②。

---

① 皮埃尔·德罗日(Pierre Desproges,1939—1988)，法国演员、作家。——译者注
② http://jenaipasconsenti.tumblr.com.

网上的活动逐渐渗透到线下，媒体尤其关注产科暴力的话题，这直接导致内政部负责男女平等的主管玛尔莱娜·希亚帕(Marlène Schiappa)在 2017 年要求就这一话题提交调查报告。① 该话题第一次被引入的原因和几周后诞生的"MeToo"运动颇有相似，后者是在韦恩斯坦事件(l'afffaire Weinstein)的影响下，揭露了性骚扰与性侵的普遍存在。在这两种情况中，我们都看到一股强大的集体冲力尝试扭转力量均衡，主张关照女性视角与实际经历，最终戳破让她们遭受隐形暴行的那些修辞技巧。他人的讲述，还有她们打定主意不再纵容别人为所欲为的决心，使每位女性相信自己有权拒绝某些行为。这些经历让女性大胆表达出自己的憎恶，让那一小撮还在嘟囔的声音——"不是的，是你太敏感了，太假正经了，太怕羞了，太怕疼了……"——最终缄默。某种欢欣鼓舞的力量让这些互不相关的经历之间的壁垒崩塌了；就像在荧幕上看到米兰达·贝利为了让自己的声音被听见而奋力抗争，拒绝被威胁恐吓时那样，因为观众自己也体会过医疗权威的泰山压顶。我发觉，因为想要改变些什么，我开始积极地关注这一话题，而以前我只会让自己尽量忘却那些惨痛的经历。

现在的我有了这副潜在的团结铠甲，面对那些不怎么和蔼的医生时，我也不再那么无力了(幸运的是，我也遇到了很多极富同情心的医生)。而我发现他们不喜欢这样。他们能够把一个以礼貌的方式提出的问题，即他们正在做什么视为不能容忍的冒犯，认为是大不敬。显然，一个好病人就是一个闭嘴的病人。但铁证很快就来了：你大胆提问的姿态可能会救你的命。我有一位朋友在巴黎一家"历

---

① 参见玛丽-艾莲娜·拉埃,《这是个历史性的夏季，各大媒体争相报道产科暴力问题》(L'été historique où les violences obstétricales se sont imposées dans les médias)，Marie accouche là,2017 年 8 月 18 日，http://marieaccouchela. blog. lemonde. fr。

史悠久"的妇产医院生孩子，这家医院在为病人的福利着想方面堪称行业翘楚，但结果我的朋友还是被吓到了，她对院方吓唬和粗暴对待她的方式感到震惊。她的儿子出生后，有次她回去就诊，试着将这个问题摆到台面上来说。和她说话的院方人员直接打断她的抱怨，反驳说："您现在身体挺好，您儿子也是，还想要什么呢？"这里的论点很奇怪。她很健康，她的妊娠期也很正常，所以她和儿子现在都挺好，不是一点儿也不稀奇吗？ 这甚至是最不需要被提及的部分。但正如玛丽-艾莲娜所说，扯着死神的虎皮大旗，"最能劝阻女性期望别人尊重她们的身体，并让她们继续对医疗权威俯首帖耳"。[1] 要照马丁·温克勒的话来说，这也最能劝医学生们别对所教的实践提太多问题，他们还会被吓唬说："如果你没学好这些实践，或者你没照教给你的方式去做，病人会死掉的。"[2]这种威胁经常过于夸张——尤其是针对孕妇的时候，她们可没病。但不论怎么说，有时这种威胁是会真实发生的。面对一位医生，人们总是处于弱势：因为你正忍受着或轻或重，甚至可能致命的病痛；因为他掌握着一门你不懂的学问，且如果有谁能救命的话，那就是他了[3]；因为如德罗日所言：你躺着，他站着。但这种脆弱的状况本该提倡医生对病人多关照些，而不是让病人闭嘴。另外，这种局面还可能激化各种情绪：医疗虐待变本加厉；而要是遇到一位有同情心又细致的医者，则是一直感恩戴德。

---

[1] 玛丽-艾莲娜·拉埃，《分娩：女人值得被更好地对待》。
[2] 马丁·温克勒，《白衣野兽》。
[3] 女性主义运动主张要尽量减少这种依赖。参见丽娜·尼珊（Rina Nissim），《现代女巫：自救与女性健康运动》（*Une sorcière des temps modernes. Le self-help et le mouvement Femmes et santé*），Mamamélis，日内瓦，2014 年。还有再版的法文合集，《我们的身体，即我们自己》（*Notre corps, nous-mémes*），目前正由 Éditions Hors d'atteinte 审核中（即将面世）。

把病人当人看

　　还是不禁想象，如果当时那场反对女疗愈师，甚至是所有女人以及与她们相关的所有价值观的行动没有发生，今天的西方医学将会是怎样？像动物一样被驱逐出医学行业的女人们，最开始的回归也只是准许她们作为护士进入业内。芭芭拉·艾伦赖希与迪尔德丽·英格利希注意到，护士是理想女性的化身——温柔、母性、奉献；而男医生呢，则是理性男性的化身，头顶科学的光环——恋爱小说家们可都是这么写的。医生负责开药方，出治疗方案；护士呢，则是伴随医生左右，负责各种日常看护。医生才不会"把才华和花了高昂学费在大学培训中学到的技能都耗费在照顾病人的乏味细节里呢"。[①] 关于在教育法国医生的过程中一以贯之的任务分配，温克勒是这样描述的：培养医生，最要紧的是让他们学会"确保医生权威凌驾于其他公民之上的姿态"，而不是教给他们"用来缓解病人痛苦的实践。照料这种事归护士管，归助产士管，归理疗师管，归心理学家管。医生的事儿，就是从内而外散发着知识和权威的味道"。[②]

　　然而，艾伦赖希与英格利希指出："治疗，完整的意思应该是，既提供药方也提供照料，既当医生又当护士。旧时那些女疗愈师就结合了这两项职能，同时也因这两样都干得好而受大家的尊重。"[③]在玛

---

① 芭芭拉·艾伦赖希、迪尔德丽·英格利希，《女巫、助产士与护士：女性治疗师的历史》。
② 马丁·温克勒，《白衣野兽》。
③ 芭芭拉·艾伦赖希、迪尔德丽·英格利希，《女巫、助产士与护士：女性治疗师的历史》。

丽斯·孔戴的小说里，女主角蒂图芭在经历了塞勒姆的黑暗的几年之后，回到巴巴多斯岛又做回了疗愈师：有一天，别人送来了一个叛逆的年轻奴隶，他的主人抽了他250鞭，快把他打死了。"我让伊菲杰纳（这是他的名字）躺在我卧室一角的草褥子上，这样我就不会错过他的任何一声叹息了。"她说道。[1] 对病人的了解以及对他持续不断的关注也是治疗不可或缺的一部分。这样的了解和关注要求将病患当作一个活生生的人，而不是一具被动的、没有生气的、可替换的肉体。后一种治疗手段将肉体与灵魂或精神分隔开，助长了虐待或非人对待病人的气焰。正是这种医疗方法，再加上上述的专横心志，解释了为何医者可以随意处置病人——就像简单的机械动作一般——或者就像眼前没这个人似地讨论病人。

　　把病人视为平等的对象，把他当成一个整体而非一个身体部位，意味着不仅不能将其身体独立于其精神之外，并且要用更多的善意去考虑病人的身体，而不是抱着纯理性的大科学家的姿态。身体，根据我们亲眼见证其诞生的新范式来看，就像一个恼人的存在，有点儿羞耻地提醒着我们人本身具有的动物性。西尔维娅·费德里希认为，猎巫时代对粪便的执念，一方面是因为"资产阶级需要将身体视同机器般管理，将一切可能妨碍其活动的因素都清除出去"，另一方面也是因为人们认为粪便象征着体内贮存的"不良因素"：对于清教徒而言，这些不良因素"是腐蚀人性的明显标志，是某种应被打倒、降服、祛除的原罪。因此就会把泻药、催吐剂和灌肠药施于孩童和中邪者身上，以驱逐他们身上的邪气"。[2] 而儒勒·米什莱认为从另一方面而言，是女巫引发了对"胃和消化器官的重新定位"。"她们竟然大

---

[1]　玛丽斯·孔戴，《我、蒂图芭、塞勒姆的黑人女巫》。
[2]　参见西尔维娅·费德里希，《卡利班与女巫：女性、身体与原始积累》。

胆地声称：'没有什么污秽和不洁的。'（……）除了道德上的邪恶，没有什么是污秽的。自然界中，万物都很纯洁：没有什么东西可以让我们不去认真思考，没有什么事情可以被一种虚张声势的唯灵论所禁止，更不用说被一种愚蠢的厌恶之情所遏制了。"在他看来，这种态度正好与中世纪的思想背道而驰。中世纪奉行万物有高低贵贱之别，认为精神高贵而肉体低贱，天堂高贵而地狱低贱："为什么会这样呢？'因为天堂高高在上。'可实际上，天堂既无所谓高，也无所谓低，高低都是一样。地狱又是什么呢？什么也不是。他们对待整个世界和对较小的人类世界时，也持同样愚蠢的观点。世界就是一个整体；其中的万事万物，都与其他事物紧密相连。如果说肚子是大脑的仆人，为大脑提供养分，那么大脑对肚子也有同样的作用，永远都发挥着协助作用，为肚子准备好用于消化的糖。"[①]

医者接受自己将病患视为人，视为平等的对象，同时也是让自己暴露在感同身受的环境中，也就是说，去体验恐惧、体验情绪。然而，按照冷血又疏离的科学界人士的传统，有抱负的医学生们也被教导要否认自己的情感。"这就好像，当他们在医院实习时，他们被期望不要太投入，在情感上，尽可能地离病患远远的。这显然是不可能的。"温克勒指出。在学习中，他们经常要给自己"情感脱敏"，比如防御性地封闭自我。这是因为他们面对着亲眼见证的痛苦，会感到有压力、无力、无助。因为灌输给他们的优越感就是教他们要看起来强大，因此要保持冷漠。有些病人甚至学会了从这种冰冷的姿态中获得安心感，或者是认为尽管如此，还有可能是个好医生。关于这个念头，

---

① 儒勒·米什莱，《女巫》。（此处译文参见儒勒·米什莱，《中世纪的女巫》，欧阳瑾译。——译者注）

温克勒清楚地说道："根本没有'冷漠、疏离但又称职的'医生。"①

　　医生可以表露情绪这样的念头会吓坏医生自己，也会吓到某些病人，似乎医生展露自己的人性，表现出自己的脆弱，自己的专业性就会消失，就会显得无能。这也点明了在我们心中对医生专业性的认识是建立在什么基础之上的。人们仿佛看见情绪的洪流横扫一片，把他们冲得支离破碎，没法工作。我想起了曾为我的亲人治疗癌症的一位肿瘤科医生。在最后几次问诊时，当明白自己没法再让病人多活一些时日后，他一度眼含热泪。后来听到别人同我讲时，我被深深地感动了；我在悲伤中得到了支撑。这些热泪证明，当时看在他眼里的是一个活人，不是一个病例；陪伴了几年的人将不久于人世，这样的反应不是再自然不过了吗？对于同类的同理之心并不会减弱他身上的好医生光环，反而增辉不少。另一方面，如果面对痛苦无动于衷，这又传递出什么讯息呢？难道精神病患者才是秘而不宣的好医生典范吗？克制自己的情绪真的能让医生不被情绪裹挟吗？

当不理智不在人们以为的那一边时

　　在所有的医科分支中，最明显的就是，产科使针对女性的战争和现代科学的偏见得以延续。卡洛琳·麦茜特在书中写道："女巫与其同侪——助产士，都曾站在风暴中心。这场风暴是关于物质与自然的掌控的，这也是生产与再生产的各领域建立新关系所必需的。"②有

① 马丁·温克勒，《白衣野兽》。
② 卡洛琳·麦茜特，《自然之死》。

两件医疗器械将助产士逐出了这一领域，并且为"正规"医生，也就是说男医生们，打开了新市场：一个是窥镜，另一个是产钳。前者是 19世纪 40 年代由一位阿拉巴马(l'Alabama)的医生詹姆士·马里恩·西姆斯①发明的。这位医生一直致力于在奴隶身上做实验。他曾让一位叫阿纳沙(Anarcha)的女奴做了 30 多场无麻手术。"种族歧视与性别歧视都嵌入了器具里。下次当您把脚踝放在产科用托架上时，请想想这句话。"说这话的是加拿大记者萨拉·巴尔马克(Sarah Barmak)。她写了一本书，是关于当今女性是如何为自己的性别正名的。② 而产钳出现的时间要更早些，它是由 16 世纪一位移居到英国的胡格诺派信徒彼得·肖博伦(Peter Chamberlen)发明的。在 17世纪时，也就是在 1670 年，他的侄子休(Hugh)想在巴黎的主恩医院(Hôtel-Dieu)给弗朗索瓦·莫理斯(François Mauriceau)展示如何使用产钳时，在操作上出了大问题：最终导致产妇和婴儿都死了。在英国，这件器械被列为外科器械，而外科手术是禁止女性参与的……当时的女助产士们纷纷指责医生的这种操作是危险的，但都无济于事。③ 她们在 1634 年所写的反对彼得·肖博伦三世的请愿书如同泥牛入海。一场来势汹汹的诽谤袭来，诬告她们不称职且蒙昧。直到17 世纪末，生产仍由男性医生主导。④ 1760 年，在法国主恩医院工作

① 詹姆士·马里恩·西姆斯(James Marion Sims, 1813—1883)，被认为是"美国妇科学之父"。现代历史学家认为他在研究中使用了奴隶作为实验对象。——译者注
② 萨拉·巴尔马克，《更亲密：女性高潮前沿实录》(Closer. Notes from the Orgasmic Frontier of Female Sexuality)，Coach House Books，多伦多，2016 年。也可参见托马·北洛(Thomas Belleaud)，《窥镜，由一位厌女者发明，在奴隶身上做试验》(Le spéculum, inventé par un misogyne et testé sur des esclaves)，Terrafemina. com，2015年 7 月 30 日。
③ 芭芭拉·艾伦赖希、迪尔德丽·英格利希，《女巫、助产士与护士：女性治疗师的历史》。
④ 卡洛琳·麦茜特，《自然之死》。

的英国助产士伊丽莎白·尼赫尔（Elizabeth Nihell）公开表示从未见过生孩子需要借助器械的。在她所著的《论助产术的技艺》（*Traité sur l'art de l'obstétrique*）中，她指责外科医生用产钳只是为了个人方便，想缩短工作时间。[1]

讽刺的是，内科医生与外科医生们正是谴责女助产士们操作不干净才把她们赶出了这一领域的。然而，在 17—19 世纪，许多平民阶层的女性在第一次生产时因产褥热而死伤惨重。比如，1866 年 2 月，在巴黎妇产医院生产的女性死了 1/4。美国医生奥利弗·温德尔·霍姆斯（Oliver Wendell Holmes）说在 1840 年左右的维也纳，人们曾将去世的女性以两人装一个棺材里的方式来掩盖骇人的死亡数据。[2] 1797 年，英国知识分子与女权主义者玛丽·沃斯通克拉夫特（Mary Wollstonecraft）在生下第二个女儿（未来的玛丽·雪莱，《弗兰肯斯坦》的作者）后，也因产褥热而去世。[3] 19 世纪中期，当时在维也纳一家医院工作的医生伊格纳兹·菲利普·塞麦尔维斯[4]了解了这一"流行病"的起源：因为医生们在解剖尸体后，直接就去接生了，没有洗手……当他强制所有同事进产房前先洗手之后，死亡率骤降。他满怀愧疚："只有上帝知道，因为我，有多少病人提早进了坟墓。"但他的发现却让同行群情激愤，因为他们一想到自己的手竟是死亡的载体就无法接受。随后的几年中，塞麦尔维斯眼见一扇扇大门对自己关闭。失落的他最终死在了维也纳的一所精神病院中。1795 年，

---

① 艾德里安·里奇，《女人所生》。
② 艾德里安·里奇，《女人所生》。
③ 参见玛丽昂·勒克莱尔（Marion Leclaire），《女权主义之曙光》（Une aurore de féminisme），*Le Monde diplomatique*，2018 年 3 月。
④ 伊格纳兹·菲利普·塞麦尔维斯（Ignace Philippe Semmelweis，1818—1865），匈牙利妇产科医生、科学家，现代妇产科消毒法倡导者之一，被尊称为"母亲们的救星"。——译者注

一位苏格兰医生亚历山大·戈登（Alexander Gordon）曾提出与他类似的假设，但没有得到任何回应。霍姆斯也曾提出相同的结论，并遭到了相同的攻击：他被称为不负责任且爱出风头的野心家[1]……标准洗手步骤是在塞麦尔维斯死后 20 年才确立的。

　　玛丽-艾莲娜·拉埃在她的书《分娩：女人值得被更好地对待》中，不止揭露了产科的暴力行为（且不论某些医生、助产士与护士或多或少的个人善意行为），还详细地描述了我们大多数人来到这个世界的方式和（或）生孩子的方式有多么反常与充满争议。她带我们完整地回顾了我们设计与规划的生孩子方式，我们对此再熟悉不过了，甚至从未想过要以别的方式来做这件事。在这许多争议中，首先说分娩姿势吧。标准的仰卧姿势其实是最不利于产妇与胎儿的，因为这样就失去了重力的协助。乌拉圭医生罗伯托·卡德罗-巴西亚（Roberto Caldeyro-Barcia）甚至说"除了吊起双脚以外"，这是最糟的姿势了。[2] 这种分娩姿势归根结底只安排好一个主角：位于产妇两腿之间的医生，抢尽了风头。这就和性行为中的传教士体位一样，既被认为是唯一"合适的"姿势，也表现为"男人积极勤勉，女人消极被动地如海星般躺着"。[3] 事实上，是路易十四在 1663 年他的情妇露易丝·德·拉·瓦利埃尔（Louise de la Vallière）分娩之际，要求医生让她仰卧，"以便他能躲在帷幔之后观看这场分娩"。又是该死的偷窥欲……五年后，国王的医生莫里斯——就是看着休·肖博伦展示产钳使用失败的那位——在他影响深远的分娩论著里开始鼓吹这种

---

① 艾德里安·里奇，《女人所生》。
② 援引自艾德里安·里奇，《女人所生》。
③ 玛丽-艾莲娜·拉埃，《分娩：女人值得被更好地对待》。下面的援引皆出自该书，除非另有说明。

分娩姿势。

另一个世界的雏形

一方面，是我们所知道的产房：嘈杂，灯光强烈，医务人员从四面八方涌来，产妇不出所料地被压制着，受到监测，只许采用同一种姿势，遵照同一套生产程序——也就是"统一化、流水线与标准化"的组织范式，玛丽-艾莲娜·拉埃评论道。[1]（艾德里安·里奇也有类似的观点，她在 1976 年写的《女人所生》一书中说道，分娩过程中当然是需要某种辅助与救护的，但"请求援助与要求被摧毁是不一样的"。[2]）另一方面，是一家诊所的"自然室"，拉埃自己就是在这里分娩的，当时在场的有她的助产士以及她的爱人。她描述道："在微光中，放着舒缓的音乐，我自由地采用身体告诉我的姿势，像一只豹子一样爬行在各种设施间，像一只猴子一般任意抓着那些设备。我并没有感到疼痛，而是有一股难以置信的力量。我发出几声有力的叫喊，充满能量地吼了几嗓子，还有几声深沉的低吟。"看到这两段文字时，我的印象是在第一间产房见到了喧闹文化的种种特征，我在上文已提到它带给我的不适感。而在第二间产房，我看到了另一个世界的雏形，这个世界与自然——与女性——保持着更加平和的关系。两个迎接新生命的不同空间，两种向他宣告不同意义的方式……

---

[1] 《玛丽-艾莲娜·拉埃："女人被强制'统一化'生娃，"却不利于陪护》（"On impose aux femmes un accouchement 'fordiste', au détriment de l'accompagnement"），*L'Humanité*，2018 年 2 月 13 日。

[2] 艾德里安·里奇，《女人所生》。

拉埃的方式在我看来也很有趣，因为面对本该理性的医学，她并不要求不理性的姿态：相反，她只是抗议它刻意的理性。她的书中有大量的脚注和科学参考文献。就算她主张让女性重新掌控分娩主权，也不是以"本能"的名义，这种"本能"经常给她们灌输一种这是科学过程的想法。她说分娩是"一种反射"，身体自己是知道该如何做的，就像呕吐一样，"只不过结果令人愉快多了"，但也因此，更应让它不受干扰。她指出，医疗流程中引起的压力产生了一系列问题，之后医疗系统又自诩解决了这些问题："监测仪器持续发出的噪声，还有如果某个传感器移位，就响个不停的刺耳警报声，这些都会导致产妇的肾上腺素升高。肾上腺素的产出会抑制催产素的分泌，而催产素是导致子宫收缩的一种激素，对分娩至关重要。这样一来，子宫收缩就会没那么有效了。为了弥补，医务人员会决定注射一剂催产素，这就改变了收缩的力度，从而增加了痛苦，因为此时体内没有相应地释放出另一种激素内啡肽。产妇这时会想使用硬膜外麻醉以对抗攀升的疼痛感，但这样的话，身体就无法即时感受到疼痛感，并做出相对的反应，这样的无感又进一步放缓了分娩的过程。"这样的逻辑就导致有些女性会说："我要是没在医院生，可能会死的。"还有许多人会说："医院差点儿没把我杀了。"与既有观念相反的是，并不是因为在医院里分娩，产妇的死亡率才降低的："1945—1950 年间，分娩死亡率的骤降是因为生活条件改善了，卫生和医疗条件也转好了，这些影响远比医院产科的分娩干预要大得多。"

尽管女疗愈师的行为和女巫很相似，都惹人猜疑，但这群被猎巫运动锁定的女人却是真正站在理性的这一边，远比当时的官方医生更可靠，按照芭芭拉·艾伦赖希与迪尔德丽·英格利希的话来说，"官方医生更危险且更低效"。在学院里，他们学的是柏拉图、亚里士多德和神学；他们的招数是放血和（水蛭）吸血。这本来就是白费力气的，而且他们所称的治愈了病人还会遭到宗教权威的反对，那些权威认为这么做是违背了上帝的旨意。到了 19 世纪，他们终于有权行医了，但还得证明"他们对肉体的关注并不会危及灵魂"。（"事实上，了解过他们的医疗培训后，看起来他们倒是危及了肉体。"芭芭拉·艾伦赖希与迪尔德丽·英格利希讥讽道。）如果说专供富人的官方医生还能让上帝睁一只眼闭一只眼的话，那些女疗愈师们可没享受到一点儿宽大为怀。她们积极地反对教士们灌输给民众的疾病宿命论，关于这种论调，儒勒·米什莱曾形象地概括道："你们犯下了罪孽，上帝才让你们受苦。感恩吧：你们来世所受的苦，就会少得多了。你们自己去忍受痛苦和死去吧。教会有为死者专用的祷词。"①同样地，女人得忍受生子之苦来抵偿原罪。女疗愈师用麦角为她们减轻痛苦，至今麦角仍旧用在分娩中或产后的药物里。她们用到的许多植物也载入了现代的药典。"当女巫们已经对骨头与肌肉、植物与药物有了深刻见解的时候，那些医生们还在从占星术中得出自己的诊断。"②换句话说，果敢、远见、拒绝服从与摒弃旧迷信不一定是属于人们所以为的那方。"我们有极多的证据可以证明所谓的'女巫'，是那个时代最有科学精神的一群人。"玛蒂尔达·乔斯林·盖奇在 1893 年就在书中如是说道。③ 将她们与魔鬼联系到一起，意味着她们已经跨出了别人以为她们会固步自封的小圈子，跨入了之前由男性独享的领域。"用酷刑折磨致死是教会镇压女性智慧的老法子了，

① 儒勒·米什莱，《女巫》。（此处译文参见儒勒·米什莱，《中世纪的女巫》，欧阳瑾译。——译者注）
② 芭芭拉·艾伦赖希、迪尔德丽·英格利希，《女巫、助产士与护士：女性治疗师的历史》。
③ 玛蒂尔达·乔斯林·盖奇，《女性、教会与国家》。

知识落到她们手里时，就会被认定为不祥之物。"①

"疯女仆"的造反

如今，对文艺复兴时期建立的象征体系的争议明显并不仅限于医学界。比如，禁止情绪，并将其贬低地归于女性，且只归于女性——这种逻辑在医生中尤为明显，但其实存在于社会的各个角落。1985 年，非裔美国活动家科拉·塔克(Cora Tucker)领导了一场反对在她所居住的贫穷且较多黑人聚居的弗吉尼亚州哈利法克斯镇(Comté de Halifax)设立放射性垃圾掩埋场的斗争。她讲述了一开始，政府的代表们——白人男性们——将她当作"歇斯底里的家庭主妇"，这让她极度受伤。她回去想了想，到了下一次集会，他们又一次辱骂她时，她反击道："你们说的对，我们是疯女人。一旦涉及生死，特别是我自己的生死，我就会歇斯底里。男人没变得歇斯底里，那是他们有问题。"②总之，情绪并不总是将我们带入歧途：有时正好相反，当我们倾听情绪时，会得到拯救。不仅是当别人想让我们生活在放射性垃圾场边上时，而且碰到上文提到的骚扰或虐待时也是如此。一旦相信自己感知到的情绪——无论是厌恶、愤怒，还是拒绝、反抗——跟随体内与脑中发出的警报信号，这些受害者们就能找到自卫的力量，就算劝人理性的声音背后隐藏着震慑的、令人动弹不得的

---

① 玛蒂尔达·乔斯林·盖奇，《女性、教会与国家》。

② 援引自塞蕾娜·克洛斯(Celene Krauss)，《疯女仆：女性环保大动员》(Des bonnes femmes hystériques: mobilisations environnementales populaires féminines)，收录于 *Reclaim*。

权威的声音。

　　当然，情绪有时也会使我们变得盲目，任人操纵。但假装情绪不存在也不一定能避免这种风险。因为不管怎样，情绪一直都在。苏珊·格里芬在其书的开头感谢了所有帮助她思考的人，她还提到听说"思"在中国书法里的构造是"脑"与"心"的结合体。[1] 哲学家米歇尔·胡林（Michel Hulin）曾说，纯粹的理性只是空谈，世上没有无情之理。他强调，在所有智识领域里，就算是最死板、最严苛的学科，在其根基上都有一种情感偏好——"亲有序而远混沌，重清明而轻模糊，喜完满而恶残缺，厚协调而薄不均"。他写道："从更深远的层面上来讲，情感，包括它不可避免的偏好性，根植于理解行为本身。因此，如果意识能达到完全中立且不倚仗任何价值判断的话，我们看到的万事万物就只是此时此地它们所呈现的样子。"他总结道："在智识的国度里，我们正是在情感偏好的变化地基上建起了一幢幢理论大厦。"[2]

　　仔细研究一下，在这种虚妄到不真实中，认为理性是非物质的、纯粹的、透明的、客观的意图背后，有一股孩子气的东西。不止是孩子气，还有深深的恐惧。当你面前站着一个从未闪现过一丝迟疑、自信满满、对自己的智识与高人一等都深信不疑的人——无论是医生、学者、知识分子还是酒馆常客——很难想象这样的姿态能隐藏内心深处的不安全感。但这种假设值得思考，正如马尔·坎德在《女人与德勒夫医生》中让我们看到的，在高大的科学巨人背后蜷缩着一个吓坏了的小男孩。另外，我们必须记住，笛卡尔式世界观最初的诞生是为了消解当时的人心动荡。苏珊·博尔多在书中记录道，先是哥白

---

[1]　苏珊·格里芬，《女人与自然》。
[2]　米歇尔·胡林，《野生的神秘主义》（*La mystique sauvage*），PUF，巴黎，1993 年。

尼(Copernic)证明地球绕太阳运行，颠覆了当时的宇宙起源论；后来，又来了一个多明我会修士乔尔丹诺·布鲁诺(Giordano Bruno，1548—1600)，说宇宙是无限的，并对"中世纪想象中封闭而舒适的宇宙"施了魔咒，进一步加剧了动荡。与此同时，望远镜的出现也让观察者飞向了宇宙的黑洞。从此，"无限张开了它的大嘴"。笛卡尔的使命在于回应因这种爆炸性言论产生的焦虑，带领人们"从怀疑、失望走向笃信、希望"。面对这个如今看来浩渺、无情又冷漠的宇宙，他铸就了一种最大限度的超然态度，似乎是以此来表达鄙夷或抵抗。他的伟大之处在于将"若有所失、渐行渐远"的经验转化为追求知识与人类进步的动力。在这一番行动之后，"无限宇宙那噩梦般的风貌倒成了现代科学与哲学的明亮开阔的实验室"。①

现在，有些人看到了生活在这个大实验室的诸多不便，可同时代人常常不理解他们，也不认可他们。指责他们对科技社会的质疑，而这个社会也是他们依赖并享受着舒适性的社会。然而，随着生态危机的影响日益直接与明显，这个理由已渐渐站不住脚了。这种逻辑让人想起那些试图让指责医疗系统的病人噤声的人，他们的理由就是这些病人的健康乃至生命都还得靠医疗系统。这样的逻辑让我们于心有愧，让我们服软屈从，让我们放弃抵抗。我们在这个社会出生，但我们能插手的空间必然是有限的，那么我们对这个负有责任吗？但因此而禁止我们批评这个社会只会让我们在面对灾祸时束手束脚，放弃思考，更广泛来说，是扼杀想象和渴望以及记住事情并不注定是现在这番景象的能力。

另外，令人惊讶的是，很多人似乎并没有想过历史可能有另一种

---

① 苏珊·博尔多，《飞向客观》。

走向，历史的河流可能流经不一样的河道，我们本可以——未来也永远有可能——从中受惠又不用遭罪。这种对待历史的态度可以简单用二选一的格言——或者更像是要挟——来概括："要么前进到核时代，要么倒退到石器时代。"（其结果是我们可能会两者兼得。）因此，吉·贝奇特在他那部记录欧洲猎巫史的著作中，并没有掩盖任何的恐惧，而是回溯了当中的所有事件，并细致地讨论了它们的文化意义，其最终得出了一个惊人的结论，简言之就是，不打破几颗蛋就没有煎蛋卷吃。他确实认为这一时期是一场"变革"的一部分，而变革，他认为，"只能通过消除某些敌对立场或消灭支持（或宣称自己支持）这些立场的人才能完成。"他断言："本意在于屠杀女巫的运动，在不知不觉中，也促成了诞生孟德斯鸠、伏尔泰与康德的运动。"总之，他对自己总结出的这一逻辑表示赞许："杀了旧女人，成就新男人。"[①]他的话再次证明了，研究猎巫运动的史学家们本身就是驱逐女巫的那个世界的产物，他们的思想仍被困在他们自己构建的牢笼内。与该观点形成鲜明对比的是芭芭拉·艾伦赖希与迪尔德丽·英格利希的看法：她们不仅提到了个人的悲剧——理想被扼杀，热情被扑灭——还提到了社会在驱逐女巫的同时所失去的一切，以及这些女性本可能成就和改变的一切。她们说，对女巫的剿杀是一场对才华和知识的剽窃浩劫，并希望重新夺回——或者至少是出手指证——曾经遗失的东西[②]……

　　贝奇特硬要将他讲述的恐怖历史转化成所谓的历史进步的美好故事，这使他说出了某些牵强附会的臆测。比如，他在书中写道："在

---

① 吉·贝奇特，《女巫与西方》。
② 芭芭拉·艾伦赖希、迪尔德丽·英格利希，《女巫、助产士与护士：女性治疗师的历史》。

这场不正当的女巫屠杀中，从长远来看，我们还是得到了好处的，至少在一定程度上，整个时代的思想朝着更理性、更公正的方向转变了；自卫与辩护的权益得到了加强，对人权也有了意识。"但这句话里的"不正当"要怎么解释呢……玛蒂尔达·乔斯林·盖奇的分析（提醒大家，写于1893年）看上去有理得多："在这段时期里，人们的思想都被引到了同一个方向。教会教给大家的主要教训就是，得背叛亲友才能保证自己得到拯救，这催生了某种极端的自私。每个人都为了确保自己的性命而不惜出卖他人，即便那人是血亲或爱人，一切人类情感都被丢弃到了一边。怜悯、体恤、同情都被根除。基督徒里再也找不到正直的踪影。恐惧、痛苦与残酷成了绝对主宰。（……）对女人的鄙视与仇恨被更加强烈地灌输给人们，教会教给大家的自私的训诫之一就是，对权力的执迷以及背叛。对老年人也不再尊敬。年老的悲苦与病痛再也激不起人们心中的一丝同情。"[1]这种景象足以浇灭人道主义者的满腔热血。

想象一下，同时进行两场解放

即便崇尚疏离与客观的象征体系，在很大程度上是针对女性及与她们相关的一切而形成的，但我们看到在之后——特别是现在，在这套体系诞生五百年后的今天——它已挣脱了这一逻辑。在日常互动中，同时也包括在文化领域中，这一体系受到了许多质疑，有些是随口提出的，有些则是思虑良久才正式说出来的，并且，很多疑问是

---

[1]　玛蒂尔达·乔斯林·盖奇，《女性、教会与国家》。

跳出现有逻辑框架的。即使有一些男性与女性（比如我）就是本性别的极端描述的化身，即实证主义的男性气质及感情用事的女性气质，然而这一体系还是受到了众多男性的批评，同时也受到了众多女性的拥护。但我们还可以站在女性主义的角度上对这一体系提出异议。对于那些将女巫踩在脚下的人们的世界观，许多女巫人物清醒又果决地表达了她们的不认同。玛丽斯·孔戴的书中的女巫蒂图芭在提到那位传授自己知识的老女奴时说："她教我懂得万物皆有生，万物皆有灵，万物皆有气，万物皆可敬。人并不是骑在马上，巡视自己王国的主人。"[①]

　　有些女性思想家在批判这一体系的时候，提出以前的哲人们将女性与自然联想在一起的观点，说女性是比男性更"自然"，她们与原始的世界有着某些特殊的联系。关于这一论点的最知名拥护者无疑就是克拉丽莎·平科拉·埃斯蒂斯（Clarissa Pinkola Estés）了，她是畅销书《与狼一同奔跑的女人》的作者，不过她并未提及现代科学的形成，也不属于严格意义上的生态女性主义者。[②] 本质主义卷土重来，在生态女性主义运动的内部——或者说围绕着这个运动——掀起了激烈的论战，而生态女性主义内部有几个流派的观点就被指责为带有本质主义的色彩。该运动诞生于 20 世纪 80 年代，那时，有一批盎格鲁-萨克逊国家的女性活动家们将自然资源的开发与自身受到的支配联系在一起。但我们真能如社会生态学家默里·布克金（Murray Bookchin）的挚友珍妮特·比尔（Janet Biehl）一般，否认这种本

---

①　玛丽斯·孔戴，《我、蒂图芭、塞勒姆的黑人女巫》。

②　克拉丽莎·平科拉·埃斯蒂斯，《与狼一同奔跑的女人：关于野性女性原型的故事与神话》（*Femmes qui courent avec les loups. Histoires et mythes de l'archétype de la femme sauvage*［1992］），Le Livre de poche，巴黎，2017 年。

质主义观点吗？① 哲学家卡特琳娜·拉雷尔（Catherine Larrère）认为，"要想把女性从压迫她们的控制中解放出来，光是解构她们的归化，让她们重返人的行列——或者说重返文明——是不够的。这只不过是做了一半，将自然抛到了后面。自然的利益会受损，而女性的利益也同样会受损。"②埃米莉·阿什解释道，生态女性主义者想要夺回这个身体，投资并赞颂它，几百年来，它一直遭受着妖魔化——确实如此——以及贬低与诋毁。她们也想要质问同时变得剑拔弩张的人与自然的关系。摆在她们面前的问题总结起来就是："在我们被强制地等同于自然，且等同于消极的一面的情况下，我们将自己排除在了自然之外，同时也被自然排除在了其自身之外，那么，我们如何与这样的自然（重新）建立联系呢？"③

与此同时，生态女性主义者拒绝以"自然"为借口，强迫她们接受某种规矩的命运或行为，比如母职或异性恋。20 世纪 70 年代，在美国俄勒冈州由分离主义女同组织策划的"重归大地"运动虽然鲜为人知，但却反映出她们的这种姿态（这尤其触及法国某些男性的神经：他们只要一想到一群女性——也可能是种族歧视的受害者们——组织起一场长达两小时且只对特定人群开放的集会，就感到紧张不安）。"为什么要让异性恋独占'自然'的性倾向，认为同性恋只可能在城市里发展，远离自然，反对自然呢？"④卡特琳娜·拉雷尔发出了这一诘问。她认为，不应在否认自然的基础上构建女性主义。同样

---

① 珍妮特·比尔，《女性主义与社会学，真有"天然"的联系吗？》（Féminisme et écologie, un lien "naturel"?），*Le Monde diplomatique*，2010 年 5 月。
② 卡特琳娜·拉雷尔，《生态女性主义或如何搞不一样的政治》（*L'écoféminisme ou comment faire de la politique autrement*），收录于 *Reclaim*。
③ 埃米莉·阿什，《呼唤生态女性主义回归！》，收录于 *Reclaim*。
④ 卡特琳娜·拉雷尔，《生态女性主义或如何搞不一样的政治》。

地，为什么与自然重新建立联系就非得让女性背上母职——或许她们并不愿意——且强行夺走她们对自己身体的至高支配权呢？从历史上来说，正如人们所见，在进行反对自然之战的同时还有另一场战争，那就是针对那些声称有生育控制权的女人的战争。这也暴露了那些保守的天主教徒的荒谬之处，如今，他们打着"生态完整"的旗号发起了一场反堕胎的现代十字军运动，还根据他们在法国名义上的领袖欧仁妮·巴斯蒂（Eugénie Bastié）令人伤心的口号说，"既保卫企鹅，还保卫胚胎。"①真是背靠生态学好乘凉啊……

　　埃米莉·阿什惊讶地发现：只要几个生态女性主义女作家歌颂一下女性的身体，抑或援引一些女神的典故，就会招致激愤的叫嚣，指责她们是本质主义者。"怎么连提及身体——也就是女性身体——都说不得了呢？"她问道。也许这是千变万化的厌女者的花招以及其根深蒂固性的展示？埃米莉倡议大家都用更开阔的心态看问题："与其将其看作宣示本质然后重复父权的论调，不如（将这些生态女性主义作品）解读为某种治愈与解放（赋予权利）的行为，是在面对几百年来对女性的打压时进行文化修复的一种务实的尝试，也是与大地/自然重新建立联系的尝试。"②她感到遗憾的是，人们对本质主义捕风捉影且过度焦虑，限制了大家的思路与行动。但最重要的是，在她看来，批评者的恶毒言辞也是一种对生态女性主义运动过于冒进的惩罚。说它冒进，必定是有的。确实需要一些蛮劲儿才能质疑所谓的命运，质疑这种将所谓的命运列为必选的公序良俗。在我眼中，这股蛮劲

---

① 亚力山德拉·朱塞（Alexandra Jousset）、安德莉亚·罗林斯-加斯东（Andrea Rawlins-Gaston），《堕胎，十字军群起而攻之》（Avortement, les croisés contre-attaquent），Arte，2018 年 3 月 6 日。

② 埃米莉·阿什，《呼唤生态女性主义回归！》。

儿也刻在近几年来直面性侵或医疗虐待的态度中。此处的蛮劲儿是这份态度的延伸：就是要让世人最终能听到她们的经历，听到她们的观点，揭露其隐藏在背后的样子，将其公之于众。

"您的世界不适合我"

在我看来，2018 年冬天爆出的韦恩斯坦事件就是这方面的经典案例。等了许久，终于等来女演员乌玛·瑟曼（Uma Thurman）的指证①，她的证词最终让《杀死比尔》（*Kill Bill*，2003—2004 年上映）这部由昆汀·塔伦蒂诺（Quentin Tarantino）执导、米高梅集团的哈维·韦恩斯坦公司出品的大众文化里程碑式的作品土崩瓦解。一直以来，这部影片一直被当作一部女性主义电影，为我们展示了一位不可战胜的女主人公，她本领通天，又强大又性感。饰演该人物的女演员在好莱坞红极一时，她与导演默契十足。但在听完乌玛·瑟曼的故事之后，我们发现这是一则骇人听闻的事件：一位曾在 16 岁时遭遇性侵的女演员，被电影制片人性侵，还有数十位女演员与她有相同的经历。至于导演塔伦蒂诺，除了在拍摄过程中不加掩饰的动手动脚之外，还差点儿让她丢了性命。当时她被导演逼着亲自开车拍一个飞车特技镜头，最终车撞向了一棵树。她等了多年也没等来导演的解释，于是将这段意外事故的录像放到了 Instagram 上，作为对这部电影的一个苦涩对照。当她出现在我们眼前时，远不是荧幕上她

---

① 莫林·多德（Maureen Dowd），《这就是乌玛·瑟曼愤怒的原因》（This is why Uma Thurman is angry），*The New York Times*，2018 年 2 月 3 日。

所诠释的无坚不摧的女战士，也不是杂志上看到的因普拉提①与勤于护肤而光鲜亮丽、性感十足的女明星，而是一位饱经风霜的女性，那段往事给她的脖颈和膝盖留下了后遗症。即使是《纽约时报》上登的访谈照片，呈现出的也是一位40多岁的女性，我们能看出她生活优渥，但也是有人情味的、平凡的、神情有些倦怠的人，瞬间与那些修图软件中见到的优雅且不真实的形象形成了对比。突然间，通过这次发声，以及其他人的发声，我们发觉，她们眼中的世界和整天贩卖给我们的世界是有多么大的不同。"言论自由"这几个字就像一句咒语，一句充满了魔法的咒语，释放了风暴，在我们习以为常的领域肆虐。我们文化中的那些伟大神话就像多米诺骨牌般接连倒下，还有那些在社交网络上，因我们的视角陡然转换，让我们想要审查的人，他们或许会有些恐慌，因为他们已感觉到自己脚下的地面正在塌陷。我自己也是看着这些神话长大的，甚至是烂熟于心——我有时还是不自觉地想引用伍迪·艾伦的玩笑话——我心底的恐惧不比他们少。但与他们不同的是，我将这种崩塌视为某种解放、某种果决的突破、某种社会体系的旧貌换新颜。我隐隐感觉到：世界的新形象正要破土而出。

您的世界不适合我：斯塔霍克与其他女巫所践行的女神崇拜虽然在开始时看起来像一种新世纪的时尚，但这或许代表了维护这句话并要进行补救的一种最激进的方式。生态女性主义者卡罗尔·P. 克里斯特认为，尽管我们生活在高度世俗化的社会中，尽管很多男性与女性都不再信仰上帝，但是父系宗教塑造了我们的文化、价值观以

---

① 普拉提（Pilates），一种舒缓全身肌肉及提高人体躯干控制能力的运动方式。——译者注

及表象，由此而来的男性权威范式仍然深刻地影响着我们："宗教象征之所以一直存在，是因为人心拒绝虚空。象征系统不能简简单单被推翻，必须有替代者。"①因此，对一个女人来说，崇拜女神，用她的形象来滋养自己，就是用一个象征来消解另一个象征。这是改变重心，让自己成为自我救赎的源泉，从自身汲取能量，而不是总依赖于某些法定又天定的男性人物。我有个从未听说过新异教女神崇拜的朋友，但她曾跟我说，当她想感受自身的能量时，她就想象自己沐浴在海洋女神的光环里，这个女神是宫崎骏的动画《悬崖上的金鱼姬》(*Ponyo sur la falaise*，2008)里的那个……一个既温柔又强大的形象，和我的朋友完美贴合，因为母职是她生命中非常重要的一部分（而那位女神就是金鱼姬波妞的母亲）。

2017 年，美国黑人女艺术家哈尔莫尼亚·罗萨雷斯(Harmonia Rosales)重新诠释了米开朗基罗画在梵蒂冈西斯廷教堂穹顶上的壁画《创造亚当》(*La création d'Adam*)。她将原本是两个白人男性形象的亚当和上帝换成两个黑人女性，并且还将这幅画命名为《创造神》(*La création de Dieu*)：一种像喊出国王没穿衣服的小男孩一样的方式。她的画作让人头晕目眩。它让我们意识到，那些我们熟悉且塑造了我们三观的象征符号是任意的、相对的，也是可质疑的。苏珊·格里芬的书《女性与自然》也产生了类似的效果：作者只是将几个世纪以来出现的关于男性、女性、自然、知识和宇宙等的伟大真理罗列出来，交给我们审视，她邀请我们用新眼光去看待它们，辨识潜

---

① 卡罗尔·P. 克里斯特(Carol P. Christ)，《为什么女人需要女神：现象学、心理学与政治学上的反思》(Pourquoi les femmes ont besoin de la déesse：réflexions phénoménologiques, psychologiques et politiques)，收录于 *Reclaim*。

藏在我们思想中的偏见。① 这是一份通往自由与创造的激动人心的邀请——既令人激动又必要，因为现有的体系已走到了尽头。

　　1980 年，卡洛琳·麦茜特在《自然之死》的结尾做出了这样的诊断："这世界该翻转过来了。"②就在她写下这句话之前不久，1979 年 3 月，在宾夕法尼亚州的三里岛（Three Mile Island）核电站发生了事故。就算我们今天想选择什么来证明这个结论的正确性，估计也只会挑花了眼。将世界翻转过来：并不容易。但可以有巨大的乐趣——果敢、不逊、充满活力的支持以及对权威的挑战——让我们的想象沿着女巫的低语所指引的道路前进。让我们通过与自然和谐共处，而不是通过皮洛士式的胜利③来净化这个世界的形象，从而确保人类福祉。在那样一个世界里，我们的身体与灵魂的自由狂欢将不再被当作地狱的巫魔夜会。

---

① 苏珊·格里芬，《女人与自然》。
② 卡洛琳·麦茜特，《自然之死：女人、生态与科学革命》。
③ 皮洛士式的胜利（victoive à la Pyrrhus），即付出极大代价而获得的胜利。皮洛士是古希腊时期的一个国王，曾与罗马交战，付出了惨重的代价才获胜。——译者注

图书在版编目(CIP)数据

"女巫": 不可战胜的女性 / (法)莫娜·肖莱著; 崔月玲译 . — 上海: 上海社会科学院出版社, 2022

ISBN 978 - 7 - 5520 - 3844 - 6

Ⅰ.①女… Ⅱ.①莫… ②崔… Ⅲ.①女性—成功心理—通俗读物 Ⅳ.①B848.4 - 49

中国版本图书馆 CIP 数据核字(2022)第 016953 号

SORCIÈRES. *La puissance invaincue des femmes* © Editions La Découverte, Paris, 2018

上海市版权局著作权合同登记号: 图字 09 - 2020 - 700

"女巫": 不可战胜的女性

著　者: [法] 莫娜·肖莱 (Mona Chollet)

译　者: 崔月玲

责任编辑: 张　晶

封面设计: 周清华

出版发行: 上海社会科学院出版社

　　　　　上海顺昌路 622 号　邮编 200025

　　　　　电话总机 021 - 63315947　销售热线 021 - 53063735

　　　　　https://cbs.sass.org.cn　E-mail:sassp@sassp.cn

排　版: 南京展望文化发展有限公司

印　刷: 上海盛通时代印刷有限公司

开　本: 890 毫米×1240 毫米　1/32

印　张: 7.75

字　数: 184 千

版　次: 2022 年 9 月第 1 版　　2024 年 6 月第 6 次印刷

ISBN 978 - 7 - 5520 - 3844 - 6/B·314　　　　定价: 58.00 元